O LIVRO DOS MILAGRES

CARLOS ORSI

O LIVRO DOS MILAGRES

O QUE DE FATO SABEMOS SOBRE OS FENÔMENOS ESPANTOSOS DA RELIGIÃO

2ª edição revista e ampliada

Direitos de publicação reservados à:
Fundação Editora da Unesp (FEU)
Praça da Sé, 108
01001-900 – São Paulo – SP
Tel.: (0xx11) 3242-7171
Fax: (0xx11) 3242-7172
www.editoraunesp.com.br
www.livrariaunesp.com.br
atendimento.editora@unesp.br

Dados Internacionais de Catalogação na Publicação (CIP) de acordo com ISBD
Elaborado por Vagner Rodolfo da Silva – CRB-8/9410

O76l

Orsi, Carlos
O livro dos milagres: o que de fato sabemos sobre os fenômenos espantosos da religião / Carlos Orsi. – 2. ed. rev. e ampl. – São Paulo : Editora Unesp, 2021.

Inclui bibliografia.
ISBN: 978-65-5711-059-1

1. Religião e ciência. 2. Milagres. I. Título.

2021-1826 CDD: 231.73
CDU: 2-145.55

Índice para catálogo sistemático:

1. Religião e ciência 231.73
2. Religião e ciência 2-145.55

Editora afiliada:

"Do maior ao menor, vivem vidas dominadas pela ganância; profetas e sacerdotes, todos e sem exceção, praticam a mentira e a fraude."

Jeremias 6:13

"Se alguém diz que todos os milagres são impossíveis e, portanto, todos os informes sobre eles, mesmo os contidos na Sagrada Escritura, devem ser postos de lado como fábulas ou mitos; ou que milagres nunca podem ser conhecidos com certeza, e que nem a origem divina da religião cristã pode ser provada por eles, que seja anátema."

Decretos do Concílio Vaticano I

SUMÁRIO

INTRODUÇÃO

O Mar Vermelho nunca se abriu para os hebreus. Não houve pragas no Egito. O Sol não parou no céu para ajudar o exército de Josué. O verso do Evangelho de Mateus, com a profecia de que o Messias seria filho de uma virgem, na verdade, não passa de um erro de tradução.

Epilepsia e enxaqueca provavelmente estão na origem das visões e profecias que deram impulso às mais influentes religiões do mundo atual. Epilepsia e outra doença, a Síndrome de Gilles de la Tourette, explicam os mais graves casos de possessão demoníaca.

O Sudário de Turim é apenas uma pintura realizada no século XIV. Relíquias milagrosas, como o sangue de San Gennaro, ou São Januário, quase certamente não contêm sangue, mas um material parecido com *catchup*, e não passam de fraudes criadas séculos depois da morte dos mártires que pretendem representar. O número de pessoas que morre a caminho do Santuário de Lourdes, na França, é maior que o de pessoas que são "milagrosamente" curadas lá. A mãe de Lúcia dos Santos, a visionária de Fátima, considerava a filha uma fraude.

O "falar em línguas" dos neopentecostais e católicos carismáticos não representa nenhuma língua conhecida ou desconhecida, terrena ou celeste, trata-se apenas de livre associação de sons que simula a estrutura de um idioma natural.

O que você leu nos parágrafos anteriores pode lhe ter parecido chocante, mas nada disso é realmente novidade. São fatos, em sua maioria conhecidos há décadas (quando não há séculos) por especialistas de diversos campos, incluindo os de história, arqueologia, linguística, psiquiatria, mitologia e, inclusive, teologia. Esses fatos, entretanto, não são fáceis de encontrar.

O objetivo deste livro é facilitar o acesso do público às conclusões científicas sobre eventos tidos como milagrosos – explicando-os e contextualizando-os. Para ajudar na compreensão desses fatos e lhes oferecer um pouco de cor e perspectiva, fontes são citadas e, sempre que possível, é descrito um pouco do ambiente histórico que cercou cada evento e investigação. Alguém poderia questionar o propósito e, até mesmo, a sabedoria de se estudar cientificamente os milagres. Trato da questão de forma mais aprofundada no capítulo sobre o poder da oração, mas minha justificativa se liga ao argumento feito, no século XIX, pelo matemático William Clifford (1845-1879), em seu ensaio *A ética da crença*:[1] aquilo que você acredita ser verdade influencia suas decisões, e elas provocam efeitos sobre as pessoas ao seu redor e sobre a sociedade.

Muitos tomam decisões importantes sobre as próprias vidas e as dos que lhes são próximos, baseadas em mitologia travestida de história, em metáforas levadas a sério demais, em superstição posta como dado concreto. Espero que, a partir da publicação deste livro, quem continuar a insistir nisso o faça, ao menos, com consciência e sem alegar ignorância.

Esta obra não é um desafio à fé de ninguém. Em termos concretos, nenhuma fé verdadeira pode ser desafiada pela mera exposição factual. O que este livro pode fazer, no entanto, é abalar as muletas, necessariamente já precárias, sobre as quais algumas pessoas vêm apoiando o que imaginam ser a fé que têm. Os que se sentirem atingidos dessa forma são convidados a repensar a base sobre a qual construíram suas convicções.

Esta é a segunda edição desta obra, publicada originalmente pela editora Vieira & Lent, do Rio de Janeiro, em 2011. Este relançamento corrige algumas imprecisões da primeira edição, além de ampliá-la e atualizá-la de modo importante, principalmente nas seções sobre o estigmático italiano Padre Pio (1887-1968), aparições marianas e exorcismos; todos

1 Clifford, 1999.

temas que foram alvo de publicações significativas na última década. A seção sobre aparições marianas, em especial, recebeu nova ênfase na exploração política desses eventos e seus desdobramentos recentes em solo brasileiro.

Gostaria, por fim, de agradecer a Marcelo Yamashita, professor do Instituto de Física Teórica da Unesp, pelo apoio para trazer esta nova edição à luz, e a Natalia Pasternak, pela companhia sempre carinhosa e pela confiança – fé? – inabalável em meu trabalho.

UMA NOTA SOBRE AS NOTAS

A despeito de não ser um trabalho acadêmico, este livro tem algumas notas. Na verdade, mais que algumas. De fato, tem um monte de notas. As remissões estão espalhadas por quase todas as páginas. Sei que muita gente considera esse recurso um tanto incômodo, mas não se preocupe: as notas raramente interferem no fluxo do texto. Elas oferecem sobretudo referências para quem se interessar sobre o tema (teologia, história, física ou psicologia) e quer aprofundar os conhecimentos sobre o que está sendo exposto. As referências completas estão no final do livro, mas se sinta à vontade para ignorá-las, embora este autor realmente espera que o leitor seja estimulado a buscar mais informações nas fontes que tratam dos assuntos que lhe parecerem mais saborosos e intrigantes.

Em tempo: por necessidade, este livro contém inúmeras citações bíblicas. Na maioria delas, limito-me a remeter o leitor para livro, capítulo e verso correspondente; entretanto, quando a citação é especialmente longa – ou quando acredito haver diferenças importantes entre as versões de um ou outro tradutor –, indico também qual a tradução consultada. Neste livro, a maioria das citações vem ou da *Bíblia Ave-Maria,* disponível online,[2] ou da nova edição da *Bíblia Sagrada*, publicada pela Conferência Nacional dos Bispos do Brasil (CNBB), ambas edições católicas. Quando necessário, apresento traduções minhas, do inglês, de versículos tal como aparecem na *New annotated Oxford Bible*, de tradição protestante. As traduções de trechos de obras publicadas originalmente em inglês, e assim referenciadas ao longo do livro, também são todas de minha autoria.

---

2 Disponível em <https://www.bibliacatolica.com.br/biblia-ave-maria/genesis/1/>. Acesso em: 19 abr. 2021.

1
O PROBLEMA DOS MILAGRES

Olhando de um certo jeito, milagres parecem acontecer por toda parte, o tempo todo. Sintonize um canal popular da televisão aberta brasileira e você verá relatos de curas impossíveis, casamentos "destruídos" resgatados da beira do abismo, famílias que saíram da miséria e hoje têm carros importados na garagem. Mude de canal para o noticiário de uma emissora tradicional e ouça o âncora do telejornal anunciando que o papa proclamou uma dezena de novos beatos e uma meia dúzia de novos santos – proclamações que dependem, crucialmente, do reconhecimento oficial de que atos milagrosos foram realizados. Olhando por outro ângulo, entretanto, há algo de meio escorregadio, meio ambíguo, no próprio conceito de milagre.

A definição mais corriqueira da palavra é a primeira acepção que consta do *Dicionário Houaiss*: "ato ou acontecimento fora do comum, inexplicável pelas leis naturais". "*Fora do comum?*" Um ônibus passar pelo ponto na hora certa pode ser algo fora do comum, mas dificilmente será milagroso. Eis uma parte da definição que podemos deixar de lado. "*Inexplicável pelas leis naturais*" parece mais promissor, mas vejamos: a afirmação pressupõe que conhecemos as leis naturais bem o suficiente para decidir o que é ou não explicável de acordo com elas. Por esse critério, a televisão seria um milagre na Idade Média. Quanto mais ignorante o homem, então, maior o número de "milagres" que ele vê ao seu redor.

Muito mais interessantes são as acepções da religião (números 5 e 6 do *Houaiss*), que, juntas, compõem o seguinte quadro: "qualquer indicação da participação divina na vida humana; indício dessa participação, que se revela especialmente por uma alteração súbita e fora do comum das leis da natureza". Importante destacar o fato de que essa versão também pressupõe que o conhecimento humano a respeito das leis da natureza é bom o bastante para permitir afirmar não apenas se as leis da natureza foram quebradas, mas também se essa quebra foi "súbita e fora do comum".

Mesmo se esse grau de conhecimento existisse, no entanto – e quem sabe, talvez um dia exista – surge agora o problema apontado séculos atrás pelo filósofo e historiador escocês David Hume (1711-1776):[1] como é possível uma pessoa racional acreditar em um milagre? Suponha que um amigo lhe conte um acontecimento milagroso: um elefante alado apareceu flutuando no céu e falou com ele, por exemplo. Você tem as seguintes opções: uma é aceitar que esse evento totalmente inédito – sem precedentes e que viola as leis conhecidas da biologia e da física (um paquiderme dotado de asas, capaz de voar e falante) – é real. A outra é que seu amigo está mentindo, ou foi enganado – talvez ele tenha visto um balão com alto-falantes! E mesmo que *você* veja o milagre em primeira mão: como ter certeza de que não se trata de um embuste ou de uma alucinação? Afinal, todos vemos feitos "mágicos" em primeira mão, quando assistimos ao espetáculo de um ilusionista, mas nem por isso achamos que o artista é um messias ou um profeta. Nós *vemos* a mulher ser serrada ao meio, mas *não acreditamos* que o que vemos corresponde a fatos reais.

Esta é a lei de Hume: só é válido aceitar um evento como milagroso se as hipóteses de mentira ou erro forem ainda mais improváveis que o milagre em si. Mas mentiras e erros são infinitamente mais comuns que milagres. Eventos comuns são mais prováveis que eventos incomuns, por definição. Também, por definição, milagres são incomuns. A coisa toda se torna um paradoxo.

---

1 O argumento aparece no ensaio "Of Miracles" ("Sobre Milagres"), publicado originalmente como a Seção X da obra *An enquiry concerning human understanding* (Uma investigação sobre o entendimento humano), de 1748.

Como se a objeção de Hume já não bastasse, as ideias de "participação divina na vida humana" e de "alteração súbita e fora do comum das leis da natureza" não incomodam apenas filósofos seculares ou ateus empedernidos. Pode parecer surpreendente, mas muitos teólogos e outras pessoas que se consideram profundamente religiosas se sentem desconfortáveis ao imaginar que Deus possa suspender, de vez em quando, as leis que Ele próprio, afinal, criou, valendo-se de Sua infinita sabedoria. E esse incômodo se dá por dois motivos.

Em primeiro lugar, porque o conceito de alteração das regras que regem a natureza faz Deus parecer um mecânico incompetente que, volta e meia, precisa usar cuspe, chiclete e barbante para ajustar o maquinário universal. E, em segundo lugar, porque não há espaço para intervenções divinas diretas no curso dos acontecimentos de um mundo que é descrito, de forma eficaz, pelas ciências. A ciência, afinal, trata os eventos da realidade como uma cadeia de causa e efeito, na qual cada elo se encontra dentro da própria natureza. Dos saltos quânticos no interior dos átomos ao movimento das galáxias, tudo está contido no universo material. Qualquer coisa que venha "de fora" – como a intervenção divina – simplesmente quebra a cadeia que, para a ciência, é inexpugnável.

O teólogo luterano alemão Rudolf Bultmann (1884-1976) – e muitos outros pensadores e fiéis das mais variadas religiões – tenta preservar a harmonia entre ação divina e fato científico, postulando que Deus não age diretamente nos átomos e nas forças do mundo, mas nas "profundezas inacessíveis do encontro existencial entre o humano e o divino".[2]

Essa, no entanto, parece ser uma estratégia fadada ao fracasso se não filosófico, ao menos psicológico e prático. Eu apostaria que nem mesmo o católico de menor inclinação mística, para quem os argumentos éticos, estéticos e lógicos em defesa de sua fé são muito mais relevantes que todos os milagres dos quatro Evangelhos juntos, também se impressiona ou se comove quando o sangue de San Gennaro se liquefaz, quando o papa visita Lourdes, quando o Sudário de Turim entra em exposição.

Escrevendo no século XIX, o psicólogo norte-americano William James (1842-1910) afirmava que não existe religião sem milagres e que a filosofia é uma amarra muito débil para manter os fiéis unidos, um fogo muito brando para acender o entusiasmo das multidões. "Confesso que não vejo esperanças para nenhuma religião popular

---

2 Clayton; Simpson, 2008, p.599,

de caráter filosófico",[3] escreveu ele em 1884. "Considerações abstratas sobre a alma ou a realidade da ordem moral não farão, em um ano, o que o vislumbre de um mundo de novas possibilidades e fenômenos [...] fará em um instante."

No Brasil, o vaticínio de James se confirma na crescente popularidade dos cultos neopentecostais e carismáticos, enquanto as variações mais intelectualizadas do cristianismo enfrentam esvaziamento das igrejas por causa da indiferença, quando não da incompreensão, dos fiéis.

Retornando ao paradoxo de Hume: ele se dissolve se você reconhecer que uma pessoa, um grupo, um livro ou um documento está realmente acima de qualquer dúvida e é incapaz de errar. Milagres proclamados por essa autoridade seriam, por definição, inquestionáveis. Trata-se, no entanto, de uma posição singularmente precária, e você não deve esperar que outras pessoas compartilhem do mesmo ponto de vista. É possível que os outros ao seu redor reconheçam "autoridades supremas" diferentes da sua – ou autoridade nenhuma.

---

3 *Apud* Brandon, 1984, p.77.

2
ABRINDO O MAR VERMELHO

Em setembro de 2010, a revista científica *PLoS ONE* publicou um artigo assinado por Carl Drews e Weiqing Han, dois meteorologistas da Universidade de Boulder, no Colorado (Estados Unidos), com o título extremamente acadêmico e desinteressante (para não especialistas): "Dinâmicas de acomodação pelo vento em Suez e no leste do Nilo".[1] "Acomodação pelo vento" (ou *wind setdown*, no original em inglês) é a queda do nível da água – em um rio ou lago, por exemplo – causada pela força do vento. Se você puser um pouco de água no fundo de um prato raso e assoprar, terá uma boa ideia desse efeito.

A despeito do título nem um pouco excitante e da temática especializada, o trabalho logo tornou-se sensação nos meios de comunicação, conquistando manchetes nos Estados Unidos, no Brasil e em vários outros países. A explicação para isso está no *abstract* (resumo) que encabeça o artigo. Na última linha, como quem não quer nada, a dupla de autores anuncia candidamente: "Pesquisadores anteriores sugeriram a acomodação pelo vento como uma possível explicação hidrodinâmica para Moisés cruzar o Mar Vermelho, como descrito em Êxodo 14".

1 Drews; Han, 2010.

Em síntese, o artigo propunha uma explicação científica para um milagre bíblico!

Para quem não conhece essa passagem (ou não se lembra dela): de acordo com o Êxodo, um dos livros que compõem o Antigo Testamento, depois de alguns séculos de convivência amigável com os egípcios, o povo hebreu passou a ser vítima de abusos e acabou escravizado. Yahweh, o deus dos patriarcas de Abraão, Isaac e Jacó, então ordenou que Moisés – hebreu que, por uma série de circunstâncias improváveis aparentemente baseadas em antigos mitos mesopotâmicos, havia sido criado dentro da corte real egípcia – libertasse seu povo e o conduzisse a Canaã, na Palestina atual.

Ramsés II não deu crédito às exigências de Moisés e, como castigo, o Egito foi assolado por uma série de pragas. O faraó, enfim, autorizou a saída dos hebreus, mas depois se arrependeu e enviou um exército – "seiscentos carros escolhidos e todos os carros do Egito, com oficiais sobre todos eles"[2] – para persegui-los.

Quando os hebreus se viram acuados e tudo parecia perdido, com o Mar Vermelho à frente e o exército egípcio às costas, as águas do mar se abriram "milagrosamente", e o povo de Moisés conseguiu passar em segurança para o outro lado. Os egípcios, sem se acovardarem diante do milagre, continuaram a perseguição, mas não tiveram a mesma sorte: "As águas voltaram, cobrindo os carros e os cavaleiros de todo o exército do faraó, que os haviam seguido no mar, nem um só deles escapou".[3]

Depois de décadas de perambulação pelo deserto, os hebreus finalmente chegaram a Canaã e, sob a chefia de um competente líder militar chamado Josué, conquistaram a terra depois de uma série de batalhas sangrentas, com o sítio de cidades e mais alguns milagres.

Voltando ao artigo da *PLoS ONE*: encontrar atribuições científicas para eventos milagrosos descritos na literatura sagrada é uma estratégia para escapar de um dos problemas apontados no capítulo anterior – a possibilidade de milagres fazerem o Criador passar por incompetente, como se o mundo fosse um carro vagabundo que não sai da oficina.

Se, em vez disso, os milagres são eventos naturais que apenas calham de ocorrer no local certo e no momento exato, o caso muda de figura: o Criador passa a ser um gênio do *software*, que não só previu cada um dos

2 Êxodo, 14:7
3 Êxodo, 14:28

bugs que o sistema apresentaria como ainda deixou pré-programados todos os *patches* – remendos – de correção, desde o início dos tempos.

Um episódio muito popular que recebe esse tipo de tratamento é a sequência de pragas que supostamente assolaram o Egito antes da fuga dos hebreus. O número e a ordem delas variam de acordo com o trecho da Bíblia que se lê – há divergência entre o texto do Êxodo e alguns salmos –, mas a relação mais completa indica dez pragas: a transformação das águas no Nilo em sangue; a invasão de rãs; a invasão de mosquitos; a invasão de moscas; a doença do gado; as chagas em homens e animais; a chuva de granizo; as nuvens de gafanhotos; as trevas por três dias; e a morte dos filhos primogênitos.

Das diversas tentativas de racionalizar as pragas, uma das mais engenhosas envolve uma erupção vulcânica no Mediterrâneo, que teria, primeiramente, obscurecido o céu (trevas), causado precipitação de óxidos de ferro que tingiu de vermelho o Nilo (sangue) e forçado os animais a abandonar a água (rãs). A fuga dos anfíbios teria provocado desequilíbrio ecológico, induzindo o aumento na população de mosquitos, moscas e gafanhotos. Partículas vulcânicas microscópicas inaladas pelo gado teriam causado a mortandade em massa dos animais e, talvez somadas à chuva ácida causada pelo enxofre lançado à atmosfera pelo vulcão, provocado as feridas na pele. E o vapor de água provocado pela erupção teria se congelado na atmosfera e provocado a chuva de granizo.

Há vários problemas com essa hipótese, a começar pela baixa probabilidade de um evento distante, no meio do oceano, afetar o Egito de forma tão radical. Ela, entretanto, é mesmo sensata se comparada, por exemplo, às controvertidas teorias do russo Immanuel Velikovsky (1895-1979). Hoje ele está praticamente esquecido, mas, quando publicada originalmente na década de 1950, sua obra *Mundos em colisão* foi um sucesso estrondoso – exceto na comunidade científica, que reagiu com justa ira ao ver público e mídia engolirem com isca, anzol e linha as hipóteses malucas de Velikovsky.

Nas palavras do matemático norte-americano Martin Gardner (1914-2010),[4] *Mundos em colisão* "junta uma massa incoerente de dados para defender a ridícula teoria de que um cometa gigante, certa vez, foi expelido do planeta Júpiter, passou perto da Terra em duas ocasiões e, então, sossegou como o planeta Vênus". Na primeira dessas passagens,

---

4 Gardner, 1989, p.4

o cometa teria propiciado a abertura do Mar Vermelho para Moisés e o povo do Israel. Na segunda, teria feito a Terra parar de girar, causando o efeito do Sol estático no céu, descrito no Livro de Josué, também parte do Antigo Testamento.

EXPLICAÇÃO DESNECESSÁRIA

Não há dúvida alguma de que o trabalho de Drews e Han sobre a acomodação pelo vento é bem menos fantasioso do que a tese de erupção vulcânica e infinitamente superior à proposta de Velikovsky. *Mundos em colisão* é uma massa de delírios: não existe processo pelo qual Júpiter possa ter produzido um cometa. Mesmo se houvesse o "cometa", seria uma bola de hidrogênio. Além disso, Vênus é um planeta rochoso e já era reconhecido no céu milênios antes dos eventos narrados no Êxodo.

Por fim, se a Terra realmente parasse de girar, a inércia faria com que todos os corpos sobre ela saíssem voando – da mesma forma que a frenagem brusca de um automóvel arremessaria os passageiros para frente. Na latitude da Palestina, a brecada planetária teria feito com que israelitas, cananeus, cabras, casas e árvores decolassem à velocidade de 1.360 km/h.

Em comparação, "Dinâmicas de acomodação pelo vento em Suez e no leste do Nilo" é um artigo científico publicado após ter sido devidamente submetido ao processo de revisão pelos pares, no qual cientistas leem o trabalho dos colegas em busca de erros e emitem parecer crítico antes de determinar se o texto está pronto para ser publicado. O artigo descreve um mecanismo que não viola nenhuma lei natural conhecida e apresenta um modelo de computador para simular um fenômeno perfeitamente plausível. Os autores descrevem como um vento de velocidade de 28 m/s (cerca de 100 km/h), soprando a partir do Oeste, seria capaz de criar uma ponte de terra de quatro quilômetros de comprimento por cinco quilômetros de largura em determinado trecho do Golfo de Suez. Afirmam, ainda, que essa ponte poderia manter-se disponível por até quatro horas, fenômeno que explicaria, ao menos, uma parte da fuga dos hebreus do Egito.

O único problema com o artigo da *PLoS ONE* é que ele viola o imperativo categórico de Hyman. Batizado em homenagem ao psicólogo norte-americano Ray Hyman[5], que dedicou décadas de estudo à análise de supostos fenômenos paranormais – sem jamais confirmar nenhum –, o princípio diz: "Antes de procurar uma explicação para um fato, certifique-se de que há mesmo um fato a ser explicado."

O caso da abertura do Mar Vermelho não requer explicação, pois ela simplesmente não é necessária para dar conta de nenhum evento histórico conhecido. Fora da Bíblia, não há registro de que, um dia, os hebreus tenham fugido do Egito. Sequer há, de fato, registro de que, um dia, tenham estado lá.

Para ficar com apenas duas citações de especialistas: "Que o Êxodo bíblico tenha realmente acontecido por volta de 1500 AEC[6] é uma ideia que a maioria dos estudiosos da Bíblia não apoia mais".[7] "É impossível discernir quais os eventos históricos por trás do Livro do Êxodo, dada a ausência de evidência contemporânea fora da Bíblia."[8]

Não há nenhum relato – por exemplo, em pedras ou papiros no próprio Egito – de que, algum dia, hebreus tenham vivido em terras egípcias e sido escravizados, e de que um líder chamado Moisés tenha surgido e clamado, em nome de Deus, "Deixa partir o meu povo" (Êxodo, 5:1).

A própria figura de Moisés tem mais marcas de mito do que de fato. A história de que sua mãe o colocou à deriva no rio Nilo para que escapasse de um massacre de crianças do sexo masculino, ordenado pelo faraó, se encaixa na estrutura mítica, comum a várias culturas, do rei que, após ouvir uma profecia, manda matar um ou mais meninos tidos como ameaça ao futuro do reino. Também é comum, dentro do mito, que o jovem em questão escape, sobreviva e retorne para cumprir o vaticínio.

Entre as narrativas que seguem pelo mesmo caminho estão os mitos de Laio e Édipo e de Acrísio e Perseu, este último também um herói deixado à deriva sobre as águas na infância. A história de Perseu é dramatizada – com sucesso discutível – no filme *Fúria de titãs* (1981).

O conto de Moisés, entretanto, tem um antecedente muito mais claro na história de Sargão I, rei da Acádia, criador do primeiro grande

---

5 A homenagem aparece no posfácio, escrito por James Alcock (in Nickell, 1994, p.189).

6 AEC significa "Antes da Era Comum" ou "Antes da Era Cristã", dependendo do gosto pessoal do leitor.

7 Avalos, 2007, p.333.

8 "Introduction to Exodus" (in Coogan, 2001, p.82).

império da Mesopotâmia, que viveu mais de mil anos antes do suposto cativeiro no Egito, ou cerca de dois mil anos antes do período em que o livro do Êxodo foi realmente escrito (ver mais sobre a datação dos textos bíblicos adiante).

Assim como o profeta hebreu, Sargão, quando bebê, também teria sido colocado em uma cesta de junco impermeabilizada com betume e lançado à deriva no rio Eufrates. O detalhe da cesta – "untada com betume" tanto na lenda sobre Sargão quanto no conto de Moisés – torna bastante provável a relação de dependência entre essas narrativas, com trechos inteiros da lenda mesopotâmica plagiados na hebraica.[9]

Também não há registro na história egípcia de pragas, perseguição pelo deserto, abertura das águas e, mais embaraçoso ainda, já que os escribas egípcios dificilmente deixariam de anotar uma derrota militar tão bombástica, morte de um exército inteiro, com carros, cavalos e guerreiros, todos afogados pelo fechamento do Mar Vermelho.

Voltando à hipótese vulcânica para as pragas, a única erupção cronologicamente consistente com o período em que teria ocorrido o Êxodo foi a de Tera, no Mar Egeu. Essa erupção, no entanto, se deu durante o reinado conjunto do faraó Tutmés III e de sua tia Hatshepsut, entre 1473 e 1458 AEC.[10] Nesse período, porém, o Egito viveu uma fase de grande prosperidade – algo improvável para um país que, de acordo com a versão bíblica, era afligido por pragas e ainda enfrentava uma rebelião de escravos.

A única referência ao povo israelita encontrada na história do Egito Antigo consta de um documento do reinado do faraó Merneptah, datado de 1.208 AEC, que descreve o saque de Canaã: "Israel é desolada, sua semente não existe mais".[11] Segundo o arqueólogo israelense Ze'ev Herzog, "Israel", no caso, parece ser uma tribo ou grupo étnico rural que estava estabelecido no que hoje se convencionou chamar de Terra Prometida.

Na outra ponta da história, a arqueologia também não sustenta a ideia de que a terra de Canaã tenha sido conquistada por uma invasão militar de israelitas ou de um bando qualquer de escravos fugidos do

---

9 Callahan, 2002.

10 *Ibidem*.

11 *Apud* Herzog, 1999.

Egito, em nenhum ponto do período – há cerca de 3.500 a 3.200 anos – que deveria apresentar os "fatos" narrados no Êxodo.[12]

Tentativas de explicar o relato do Êxodo vão desde a interpretação do cativeiro no Egito como metáfora do domínio tirânico do Império Egípcio sobre os povos de Canaã até a hipótese de que um pequeno grupo de trabalhadores estrangeiros, vítimas de racismo e opressão, teria realmente deixado o Egito. A fuga ou emigração, se de fato houve, provavelmente se deu durante o reino de Merneptah ou de Ramsés III, quando a terra do Nilo se viu enfraquecida por uma série de invasões dos chamados Povos do Mar – grupos de saqueadores vindos do Mediterrâneo – e, portanto, sem condições de se preocupar com meia dúzia de forasteiros insatisfeitos. Isso ajudaria a explicar o silêncio dos registros egípcios acerca do êxodo: ele simplesmente não teria sido tão importante assim para a civilização egípcia.

Os refugiados, depois de cruzar o deserto, teriam entrado em Canaã e, depois de algum tempo, se integrado a uma confederação de tribos nômades, com cultura e modo de vida diferentes dos povos civilizados – isto é, que viviam de forma sedentária, em cidades – da região. Essa confederação, que seria o "povo de Israel", acabou desenvolvendo para si, ao longo de gerações, um mito de origem e uma identidade comum inspirados, em parte, na história dos desterrados do Egito.

Sob esse ponto de vista, não só o milagre da abertura do Mar Vermelho se reduz à mitologia, como também todos os milagres da narrativa da conquista da Terra Prometida, incluindo o "dia inteiro sem ocaso"[13] que permitiu um dos diversos massacres perpetrados pelas tropas de Josué:

> 12. No dia em que Javé entregou os amorreus aos israelitas, Josué falou a Javé e disse na presença de Israel: "Sol, detém-te sobre Gabaon! E tu, ó Lua, para sobre o vale de Aialon!"
>
> 13. E o sol se deteve e a lua parou, até que o povo se vingou dos inimigos. [No Livro do Justo está escrito assim:] "O sol ficou parado no meio do céu e um dia inteiro ficou sem ocaso."

---

12 Stiebing Jr, 1989, p.189.

13 Josué 10:12, 10:13 e 10:14.

14. "Nem antes, nem depois houve um dia como aquele, quando Javé obedeceu à voz de um homem. É porque Javé lutava a favor de Israel"[14]

De fato, em termos de vestígios arqueológicos e corroboração histórica, a Guerra de Troia e a saga do rei Arthur têm muito mais a recomendá-los – ainda que com uma robusta dose de desmitificação – do que a de todos os supostos eventos descritos na Bíblia a respeito da fuga do Egito e da conquista da Terra Prometida.

Como nota o crítico literário – e estudioso da Bíblia – norte-americano Randel Helms, os textos bíblicos que se referem ao período anterior há três mil anos são muito mais bem interpretados como mitologia do que como tentativas de se fazer narrativa histórica.[15] Não que as partes supostamente históricas da Bíblia sejam lá muito confiáveis. Voltaremos a isso em capítulos posteriores, quando tratarmos do Novo Testamento.

A marca da transição, segundo Helms, é o súbito afastamento de Deus: na era dos patriarcas, Yahweh caminhava pela terra ao lado de suas criaturas, e Adão ouvia seus passos pelo Jardim do Éden;[16] Deus não só entrou em combate corporal com Jacó, como também foi derrotado;[17] e Moisés chegou até a ver o traseiro do Senhor.[18]

De repente, o Criador se abstrai: ele não anda mais entre os homens e nem lhes dirige a palavra diretamente, mas passa a usar intermediários – sacerdotes e profetas – e a falar ou por meio da lei, já escrita e registrada, ou por meio de visões e êxtases. Que são, aliás, o tema do próximo capítulo.

QUEM ESCREVEU O ÊXODO?

Tradicionalmente, a autoria do Pentateuco – conjunto dos cinco primeiros livros da Bíblia, composta por Gênese, Êxodo, Levítico, Números e Deuteronômio – é atribuída a Moisés, como lembra Machado de Assis (1839-1908) no primeiro capítulo das *Memórias Póstumas de Brás Cubas*:

---

14 *Bíblia Sagrada*, 2018.
15 Helms, 2006, p.30.
16 Gênese, 3:10
17 Gênese, 32:29
18 Êxodo 33:23

"Moisés, que também contou sua morte, não a pôs no introito, mas no cabo: diferença radical entre este livro e o Pentateuco".[19]

No entanto, a atribuição de autoria a Moisés é problemática. Não só porque é realmente complicado acreditar na palavra de um autor que narra a própria morte, ou por causa da dificuldade de estabelecer a realidade histórica do autor-protagonista e de seus feitos, mas também por uma série de anacronismos presentes na narrativa. Por exemplo, no livro do Gênese, o primeiro do Pentateuco, é dito que a terra natal do patriarca Abraão é "Ur da Caldeia". No entanto, no tempo de Moisés – por volta de 1.500 AEC –, a cidade de Ur ainda era parte da Suméria. No tempo de Abraão, a cidade seria da Acádia, pois os caldeus só tomaram Ur por volta de 800 AEC.

Não por coincidência, essa é a data aproximada em que, de acordo com a maioria dos especialistas, ocorreu a composição dos livros bíblicos do Gênese, Êxodo e Números, que teriam sido escritos – em primeira versão – no reino de Judá, entre 960 e 840 AEC,[20] ou mais de quinhentos anos após o suposto "êxodo do Egito". E numa época em que Ur provavelmente já era, mesmo, dos caldeus.

Uma pequena digressão histórica: durante uma boa fração de sua existência como povo independente, os hebreus da Antiguidade viveram divididos em dois reinos rivais que ocupavam parte do território da atual Palestina: Israel ao norte e Judá ao sul. Esses reinos só se mantiveram unificados, sob um forte governo central, durante os reinados de Davi e de Salomão – e mesmo a existência real desse suposto período de monarquia unificada encontra-se, atualmente, sob contestação de importantes estudos arqueológicos.[21]

A autoria dos trechos originais dos três livros mais antigos do Pentateuco é atribuída pelos estudiosos atuais a um grupo ou a uma tradição que recebeu o nome de "J", porque, em seus textos, Deus é comumente chamado de Yahweh ou Javé. Depois que o reino de Israel, ao norte de Judá, foi conquistado pelos assírios, por volta de 720 AEC, refugiados levaram uma versão alternativa das escrituras para o reino sobrevivente. Os textos de Israel, cuja autoria é atribuída à tradição "E" – porque neles

19 Assis, 2015, p.582.
20 Callahan, 2002.
21 Como os estudos descritos em Silberman; Finkelstein, 2001.

Deus é chamado mais comumente de Elohim –, foram fundidos aos escritos de "J".

Cerca de um século depois da conquista de Israel, uma reforma no Templo de Jerusalém, em Judá, revelou um livro "perdido" de autoria de Moisés, o Deuteronômio, que viria a entrar também na coleção. Historiadores acreditam que o Deuteronômio foi, na verdade, composto na mesma época de sua providencial descoberta e teve como verdadeiros autores os membros de um grupo de defensores radicais da supremacia de Yahweh sobre os demais deuses dos hebreus. Esse partido ficou conhecido como o dos deuteronomistas ou, para encurtar, "D".

A quarta facção representada no Pentateuco é a dos sacerdotes ou "P". A tradição "P" é responsável, entre outras coisas, pelo livro do Levítico – com suas exaustivas listas de normas religiosas e regras de pureza e impureza – e pela redação final do mito que, na ordem atual da Bíblia, é a primeira narrativa da criação, com os seis dias de trabalho e um dia de descanso.

É fato conhecido que o Gênese contém duas versões para a criação do Universo, largamente incompatíveis entre si. A versão de "P" segue a progressão de seis dias, com a criação das plantas, peixes, animais terrestres e, por fim, o homem e a mulher; na versão de "J", o homem é criado primeiro, depois as plantas e animais, e só então – quando, de acordo com a anedota, Deus já tinha bastante prática – a mulher.

O material de "J", "E", "D" e "P" foi fundido num todo – não muito – coerente por um redator – ou grupo de redatores – ligado à tradição de "P", durante o exílio dos judeus na Babilônia, a partir de 586 AEC. O redator também produziu algum texto original para "dar liga" às demais narrativas, e esse material é conhecido, de modo nada surpreendente, como "R".

Recapitulando: a coleção de cinco livros que chamamos de Pentateuco e que, por tradição, tem a autoria atribuída a Moisés, na verdade nasceu como um conjunto de obras isoladas, de autores diversos – "J", o adorador de Yahweh, que vivia em Judá; "E", o adorador de Elohim, que vivia em Israel; o partido dos deuteronomistas, ou "D"; e os sacerdotes, ou "P". Esses textos foram elaborados provavelmente na Palestina e fundidos por um redator, "R", na Babilônia.

3
VISÕES E ÊXTASES

É possível argumentar que, em pelo menos duas ocasiões, visões e êxtases religiosos, talvez acompanhados por convulsões, foram gatilhos que desencadearam mudanças radicais nos rumos da história.

O primeiro caso se deu nos arredores da cidade síria de Damasco, alguns anos após a morte de Jesus. Foi ali, de acordo com a narrativa de Lucas nos Atos dos Apóstolos, que o impiedoso perseguidor de cristãos, Saulo – que havia tomado parte na morte, por apedrejamento, do primeiro mártir do cristianismo, Estevão – teve uma visão do Cristo ressuscitado. Essa visão o levaria a se tornar o Apóstolo Paulo, principal responsável pela expansão do cristianismo, que, sob sua influência, viria a converter-se, de uma seita do judaísmo, em religião de apelo universal.

O segundo caso foi registrado séculos depois, por volta do ano 610 EC, quando Maomé, durante uma de suas frequentes visitas ao Monte Hira, perto de Meca – para se isolar e refletir em paz –, encontrou o anjo Ibril, Gabriel, que lhe ordenou que lesse e proclamasse as palavras que viriam a compor a abertura da Sura (capítulo) 96 do Alcorão: "Em nome de Deus, o Clemente, o Misericordioso. Recita em nome de teu Senhor que criou, criou o homem de sangue coagulado [...]".[1] Esta foi a primeira revelação do corpo doutrinário que viria a dar forma ao islã.

Um problema que surge logo de cara com essas revelações monumentais – para que possam ser aceitas como milagrosas, isto é, como resultado de intervenção divina – é que as duas levaram a resultados fundamentalmente contraditórios e irreconciliáveis.

Paulo emergiu da experiência mística para construir uma teologia na qual a morte de Jesus e a subsequente ressurreição do Cristo são pedras angulares: "Se Cristo não ressuscitou, é vã a nossa pregação e vã a nossa fé", escreve ele, na primeira carta aos Coríntios.[2] Já o Alcorão, registro das revelações dadas a Maomé, nega até mesmo que Jesus tenha sido crucificado: "Não o mataram, nem o crucificaram: imaginaram apenas tê-lo feito".[3]

Uma possibilidade é que as duas revelações tenham vindo de diferentes divindades: talvez Alá e Yahweh sejam um par de deuses rivais, mas igualmente ciumentos, disputando fiéis entre si e assumindo um a identidade do outro, desde tempos imemoriais.

Outra hipótese é que ambas as revelações tenham mesmo vindo de um Deus único, só que tenham sido mal interpretadas por seus receptores. Mas por que um Deus onipotente escolheria um receptáculo inábil para sua revelação? Aliás, por que a onipotência excluiria o poder de se expressar com clareza?

A terceira possibilidade é a de que algum tipo de fenômeno natural, ou família de fenômenos naturais, esteja por trás de todos os êxtases, revelações e visões "autênticos", isto é, não falsificados deliberadamente, e que cada visionário interprete sua experiência de modo subjetivo, com base em valores e dilemas pessoais, cultura em que se insere e mitos de que está a par.

De fato, tanto Paulo quanto Maomé são muitas vezes citados como possíveis portadores de epilepsia. *Em Deus não é grande*, o jornalista britânico Christopher Hitchens (1949-2011) ironiza: "Alguns críticos cristãos sem coração sugeriam que ele [Maomé] era epilético (embora falhem em notar os mesmos sintomas no surto experimentado por Paulo na estrada de Damasco)".[4]

---

1 *O Alcorão*, 2016, p.505.
2 I Cor 15:12-17
3 *O Alcorão*, 3:157
4 Hitchens, 2007, p.231.

Para entender o que pode estar envolvido nesses "sintomas", é preciso uma compreensão, ainda que superficial, do que significa um episódio epilético. Suponho que a maioria das pessoas associe a epilepsia a surtos mais violentos, quando o paciente cai ao chão e perde o controle dos movimentos do corpo. Mas nem todo ataque epilético é necessariamente assim. A breve explicação a seguir é um resumo da oferecida pelo psiquiatra norte-americano Terence Hines.[5]

As células do cérebro, os neurônios, se comunicam entre si por meio de substâncias químicas chamadas de neurotransmissores. Dentro do neurônio, no entanto, o processo que controla a liberação de neurotransmissores é elétrico. É a atividade elétrica do neurônio que faz que moléculas de neurotransmissor sejam lançadas para estabelecer contato com neurônios vizinhos. Na epilepsia, alguns neurônios apresentam atividade elétrica excessiva, que se espalha pelo cérebro. Dependendo da região cerebral mais atingida, o resultado do ataque pode variar: convulsões violentas indicam que as áreas motoras estão sendo afetadas. Entretanto, quando o ataque atinge uma região envolvida no controle das emoções, o paciente pode experimentar o que os psiquiatras chamam de "aura" – um forte sentimento, que pode ser de repulsa, medo ou até mesmo intenso prazer.

O caso de Paulo é, curiosamente, bastante discutido na literatura médica. Um dos motivos é o fato de existirem relatos autobiográficos, deixados pelo apóstolo, de suas experiências místicas, o que permite comparações com episódios epiléticos bem documentados. Além disso, tanto as cartas de Paulo quanto relatos de terceiros indicam que ele sofria de algum problema crônico de saúde.

Em artigo publicado em 1987, David Landsborough (1914-2010) médico britânico nascido em Taiwan, filho de missionários cristãos, chama atenção especial para o capítulo 12 da segunda Carta aos Coríntios.[6] Nela, Paulo – referindo-se, de forma oblíqua, a si mesmo[7] – diz que conhece "um homem em Cristo que há catorze anos foi arrebatado até o terceiro céu. Se foi no corpo, não sei. Se fora do corpo, também não sei; Deus o sabe". E prossegue dizendo que o homem (isto é, ele próprio) "foi arrebatado ao Paraíso e lá ouviu palavras inefáveis, que não é permitido

5 Hines, 2003.
6 Landsborough, 1987.
7 Coogan et al., 2001, nota aos versículos 1-12 do capítulo 12 de 2 Cor.

a um homem repetir". Em seguida afirma que, para evitar que êxtases e visões o deixem orgulhoso, Deus lhe pôs "um espinho na carne, um anjo de Satanás para me esbofetear e me livrar do perigo da vaidade".[8]

Landsborough especula que o "espinho na carne" pode ser nada mais, nada menos do que a face menos agradável da epilepsia. O êxtase paulino seria constituído, portanto, de um episódio epilético que começa com uma aura extremamente positiva de emoções sublimes – o arrebatamento ao paraíso – e termina em convulsões violentas, o "anjo de Satanás" que esbofeteia. O médico britânico compara as sensações sublimes de Paulo a casos de pacientes epiléticos que descrevem suas auras como "a ideia de estar no céu". Ele cita uma mulher que experimenta "um sentimento súbito de ser erguida, de elevação, com satisfação, um sentimento extremamente prazeroso".[9] De fato, em seu depoimento, a paciente parece ecoar as "palavras inefáveis" do episódio paulino: "Estou prestes a atingir um conhecimento que ninguém mais tem – algo a ver com a linha entre a vida e a morte", disse ela.[10]

Como evidência extra, Landsborough menciona a Carta aos Gálatas, na qual Paulo lembra que, quando pregou o Evangelho aos cristãos da província romana de Galátia, na Ásia Menor, estava doente: "Fui para vós uma provação por causa do meu corpo. Mas nem por isto me desprezastes nem rejeitastes, antes me acolhestes como um enviado de Deus, como Cristo Jesus."[11]

Landsborough diz que o verbo traduzido como "desprezar" e "rejeitar" significa, no original, "cuspir em" – a tradução literal seria "nem por isso cuspistes em mim". Na cultura romana da época, cuspir no doente era a típica reação das pessoas que assistiam a um ataque epilético, a fim de evitar "contágio". Mas, mesmo sendo plausível supor que Paulo fosse epilético, o que isso permite dizer a respeito de sua conversão na estrada de Damasco? O evento é narrado três vezes no livro bíblico dos Atos dos Apóstolos,[12] a cada vez com algumas pequenas diferenças. O relato comumente mais citado é o do capítulo 9:

---

8 2 Cor 12:7

9 Landsborough, *op. cit.*, p.660.

10 *Ibidem.*

11 Gálatas, 4:14

12 Atos 9:1-19; 22:6-13; 26:9-16

3. Durante a viagem, quando já estava perto de Damasco, de repente viu-se cercado por uma luz que vinha do céu.
4. Caindo por terra e ouviu uma voz que lhe dizia: "Saul, Saul, por que me persegues?"
5. Saulo perguntou: "Quem és Tu, Senhor?" A voz respondeu: "Eu sou Jesus, a quem estás perseguindo.
6. Agora levanta-te, entra na cidade, e ali te dirão o que deves fazer".
[...]
8. Saulo levantou-se do chão e abriu os olhos, mas não conseguia ver nada.[13]

Em resumo, temos uma luz forte, uma voz, a queda ao chão e a cegueira, que duraria alguns dias. Certos ataques epiléticos, escreve Landsborough, são precisamente marcados pela luz forte que parece invadir os dois olhos, seguida por uma aura de intensa experiência religiosa. Mesmo a cegueira posterior ao surto, embora rara, não é desconhecida entre epiléticos. Landsborough comenta ter tido experiência pessoal com um jovem de Taiwan cujos episódios começavam com perda de visão, uma aura olfatória – uma alucinação envolvendo cheiros – e cegueira que perdurava de quinze minutos a uma semana.

O médico conclui que o único ponto da história paulina que não é consistente com epilepsia é o diálogo com Jesus, "elaborado demais para ELT [epilepsia do lobo temporal]".[14] Mesmo assim, é plausível que a conversação represente apenas a tradução, em palavras, dos aspectos emocionais de uma aura intensa.

É improvável, no entanto, que o episódio de Damasco, se realmente foi um surto epilético, tenha sido a causa predominante da conversão de Saulo, o caçador de cristãos, em Paulo, o apóstolo dos gentios. Landsborough repara que, embora existam casos de conversão religiosa radical precipitada por episódios epiléticos, esses geralmente vêm acompanhados de ilusões paranoicas ou esquizofrênicas. O que não parece ter sido o caso do apóstolo, ao menos de acordo com os relatos disponíveis sobre o desenvolvimento de sua carreira posterior. No caso de Paulo, sugere o estudioso, a conversão já estava ocorrendo. O ataque da estrada de Damasco não teria iniciado o processo – mas o estresse

---

13 *Bíblia Sagrada*, 2018, Atos, 9:3-6,8 p.1512
14 Landsborough, *op. cit.*, p.662.

psicológico da luta íntima entre as convicções de Saulo, o perseguidor, e de Paulo, o apóstolo, pode tê-lo influenciado.

MAOMÉ

Sobre o fundador do islã, as informações são menos precisas, já que não temos cartas de próprio punho do profeta. Mesmo o Alcorão só atingiu sua forma final décadas – ou, de acordo com alguns historiadores, séculos – após a morte de Maomé.[15] Para complicar ainda mais a questão, a "acusação" de epilepsia feita contra ele, a partir de fontes ocidentais, muitas vezes tem caráter preconceituoso ou derrogatório – como se os cristãos estivessem a dizer: os *nossos* profetas são autênticos, os *deles* não passam de um bando de doentes mentais.

Por causa disso, comentaristas sensíveis às questões de diversidade cultural e religiosa tendem a encarar a possibilidade de um Maomé epilético não como uma questão médica concreta que possa ser respondida, mas como uma espécie de jogada política – um golpe baixo, na verdade. O que, compreensivelmente, enfraquece bastante o impulso para pesquisa. Para evitar esse tipo de contaminação, seria interessante saber o que comentaristas independentes, no interior da cultura muçulmana, pensam a respeito.

Contornando a questão da guerra cultural entre Oriente e Ocidente, o *website* Faith Freedom International,[16] mantido pelo ex-muçulmano que usa o pseudônimo Ali Sina,[17] traz um artigo que discute, a partir de fontes islâmicas, a possibilidade de Maomé ter sofrido de epilepsia do lobo temporal, a mesma atribuída a Paulo.

Num texto curto, Ali Sina conclui que o profeta apresentava sintomas compatíveis com a doença, incluindo alucinações, amnésia parcial e contrações musculares involuntárias.[18] Outro texto citado por Sina é

---

15 Warraq, 1995, p.75

16 Disponível em: <http://www.faithfreedom.org/index.htm>. Acesso em: 15 abr. 2021.

17 Já que, em muitos países, abandonar a religião islâmica é motivo para pena de morte, a opção por esconder o próprio nome é compreensível.

18 Disponível em: <http://www.faithfreedom.org/Articles/sina41204.htm>. Acesso em: 15 abr. 2021.

uma *hadith* – parte de um conjunto de tradições sobre Maomé registradas fora do Alcorão, mas estudadas e reverenciadas pelos muçulmanos –, na qual o profeta, após seu primeiro encontro com o anjo Gabriel, sente espasmos nos músculos entre o pescoço e os ombros e, aterrorizado, pede à esposa, Khadija, que o agasalhe.[19]

ENXAQUECA

Imagino que esses diagnósticos possam parecer muito suspeitos: afinal, apóstolo e profeta estão mortos há séculos. Não podemos mais submetê-los a delicados eletroencefalogramas, nem estudar minuciosamente a função de seus cérebros durante êxtases e revelações. Também não dispomos de seus corpos para realizar autópsias.

A despeito disso, o prestigiado médico e escritor inglês Oliver Sacks (1933-2015) não hesitou em diagnosticar enxaqueca como a causa de visões místicas da freira católica medieval Santa Hildegard de Bingen (1098-1179), que teve o culto autorizado por Roma no século XV. Em seu já clássico livro *Migraine* (Enxaqueca), Sacks analisa as visões de Santa Hildegard, mulher extraordinária, escritora, compositora e teatróloga que deixou descrições e ilustrações do que via e sentia durante seus episódios.[20] Sacks diz que esses relatos detalhados permitem afirmar que Santa Hildegard sofria de um caso clássico de "enxaqueca com aura" – sendo a aura, no caso, uma série de alucinações que antecede o ataque de dor de cabeça propriamente dito.

Baseando-se em Sacks, Randel Helms (estudioso da Bíblia com quem já nos encontramos no capítulo anterior) atribui o mesmo tipo de condição ao profeta bíblico Ezequiel. A aura da vítima de enxaqueca geralmente começa com "uma dança de estrelas, faíscas brilhantes, *flashes* ou simples formas geométricas no campo visual", explica Sacks.[21] Essa abertura de estrelas e *flashes* é seguida por uma alucinação ainda mais

---

19 As *hadith* do islã são compiladas em diferentes coleções, de diferentes autores. A narrativa dos espasmos aparece na coletânea do sábio persa Muḥammad ibn Ismail al-Bukhari (810-1860), volume 6, livro 60, dizer 478 (no sistema tradicional de referência, Bukhari, 6, 60, 478).

20 Sacks, 2011.

21 *Apud* Helms, 2006, p.35.

elaborada, o escotoma de enxaqueca. Helms traça um paralelo convincente entre os escotomas de Santa Hildegard e as visões proféticas relatadas por Ezequiel.[22]

A aura da enxaqueca tem alguns elementos bem-definidos, começando com as estrelas ou formas geométricas – os chamados fosfenos – além de círculos concêntricos luminosos e de padrões em ziguezague, chamados "ilusões de fortificação", por lembrarem as ameias dos castelos medievais. Dentro do campo visual, objetos podem mudar de cor, crescer, encolher ou desaparecer por completo.

Fortificações são especialmente comuns nas ilustrações das visões de Santa Hildegard. "Em meio a chuveiros estonteantes de luz piscante, halos brilhantes em torno de objetos e padrões de fortificação, ela via hostes angélicas e tinha vislumbres da cidade de Deus", escreve o psicólogo norte-americano Barry L. Beyerstein (1947-2007) em seu clássico artigo *Neuropatologia e o legado da possessão espiritual*.[23] Helms acredita que as descrições feitas pela freira podem ajudar a entender a "condição médica de Ezequiel", que descrevia em suas visões padrões como halos, rodas brilhantes, círculos concêntricos.

Escrevendo do século VI AEC, Ezequiel é um profeta que pregava para os judeus exilados na Babilônia, após a destruição de Jerusalém por Nabucodonosor. Entre suas preocupações, compreensivelmente, estava a questão do que os judeus teriam feito para merecer o castigo. Seus escritos inspiraram "medo, espanto e admiração", e suas tentativas de "encarnar em palavras a soberania, a santidade e o mistério de Deus chegam perto dos limites da linguagem".[24]

---

22 Helms, *op. cit.*, p.33-39.

23 Beyerstein, 1988.

24 "Introduction to Ezekiel" (in Coogan et al., 2001, p.1180-2).

4
O NASCIMENTO VIRGEM

Partenogênese é o nome que se dá ao desenvolvimento de um ser vivo a partir de um óvulo não fecundado. Para os cristãos que aceitam a virgindade de Maria, assim foi concebido Jesus: o cânone do Concílio de Latrão, realizado no ano 649 em Roma, afirma explicitamente que a concepção no ventre de Maria ocorreu "sem sêmen".[1]

Concepções sem a interferência do gameta masculino já foram observadas, na natureza, em diversas espécies – de insetos a peixes, répteis e aves –, mas jamais em mamíferos. Na verdade, o primeiro mamífero produzido por partenogênese – um camundongo do sexo feminino – foi criado em laboratório e sua existência foi comunicada ao mundo em artigo científico publicado em 2004 por uma equipe de cientistas japoneses.[2]

Para entender a magnitude do milagre implícito no nascimento de um ser humano gerado por partenogênese, é preciso primeiramente lembrar que a parte principal do material genético da maioria das células do corpo de uma pessoa está contido em 46 cromossomos,

---

1 *Catecismo da Igreja Católica*, 1993, item 496.

2 Kono et al., 2004.

dispostos em 23 pares. Cada cromossomo é um pequeno aglomerado de DNA, e todos os 46 são necessários para definir um ser humano. Pequenos defeitos ou omissões têm potencial de gerar doenças, deformidades e deficiências, muitas vezes até mesmo inviabilizando o bom termo da gestação.

Afirmei que o material genético da "maioria das células" está contido em 46 cromossomos. A exceção são os gametas, as células reprodutivas: o óvulo e o espermatozoide. Nos gametas, existem apenas 23 cromossomos. É por isso que os filhos têm algumas características do pai e algumas da mãe: o embrião surge da fusão dos gametas masculino e feminino, que assim se complementam. Os 23 cromossomos de cada genitor contribuem com metade do total necessário para codificar um novo ser humano.

No caso do camundongo produzido pelos pesquisadores japoneses, foi feita uma fusão de dois óvulos para, assim, obter o total de cromossomos necessário nessa espécie – diferentes espécies têm diferentes números de cromossomos; camundongos, no caso, têm quarenta.

Algo parecido poderia ter ocorrido no caso de Maria? Uma fusão acidental de óvulos, gerando um acidente biológico que viria a ser um evento único na história da humanidade?

O fato de a tradição afirmar que Jesus era homem cisgênero (isto é, não transexual) complica ainda mais a situação, porque seria muito difícil uma fusão de gametas femininos produzir um feto masculino. Teríamos de contar com uma verdadeira cascata de eventos biológicos únicos, sem precedentes ou, no mínimo, extremamente raros para gerar um Jesus de Nazaré em conformidade com o credo católico.

Claro que, se aceitarmos a ideia de que uma intervenção divina pode ocorrer e mudar as regras do jogo a qualquer momento, nada impede que um bebê do sexo masculino seja concebido e se desenvolva no ventre de uma mulher que nunca teve contato com espermatozoides. Mas há razões para aceitar isso?

Se você é católico ou católica, não lhe resta muita escolha: é artigo de fé que Maria se manteve virgem antes, durante e depois do parto.[3] Mas e quanto aos 6,1 bilhões de seres humanos que não seguem a Igreja de Roma?[4] Há algum motivo para que aceitem essa alegação?

---

3 *Catecismo da Igreja Católica*, *op. cit.*, item 499.

4 Vatican, 2002.

Os cristãos, em geral, tomam como válidos quatro relatos da vida de Jesus, os chamados Evangelhos Canônicos. Existem outros – Evangelho de Tomás, Evangelho dos Hebreus, Evangelho de Pedro, Evangelho de Judas etc. – que, por uma série de razões históricas – e também de qualidade literária –, não entraram na versão oficial da Bíblia. Os Evangelhos Canônicos aparecem na Bíblia na seguinte ordem: Mateus, Marcos, Lucas e João. Por questão de conveniência, cada um dos livros é chamado pelo nome tradicionalmente atribuído a seu suposto autor.

A maioria dos estudiosos, no entanto, aceita que a verdadeira ordem cronológica de composição foi primeiro Marcos, depois Mateus e Lucas – esses autores talvez tenham trabalhado quase ao mesmo tempo, mas provavelmente em áreas geográficas distintas e sem conhecerem um ao outro – e, bem mais tarde, João. O Evangelho de Marcos seria, portanto, o mais próximo dos fatos reais.

"Próximo", no caso, é um conceito bastante relativo: Jesus foi crucificado por volta do ano 30, mas nenhum dos Evangelhos foi escrito muito antes do ano 70, a mesma época da destruição do Templo de Jerusalém pelos romanos. "Estudiosos geralmente concordam que os Evangelhos foram escritos de quarenta a sessenta anos depois da morte de Jesus. Portanto, não representam um relato de testemunhas oculares ou contemporâneos da vida e dos ensinamentos de Jesus",[5] diz o consenso dos especialistas.

"Evangelho", é bom notar, não era originalmente uma palavra aplicada exclusivamente à biografia de Jesus. Isso fica claro no primeiro verso de Marcos: "O início do evangelho de Jesus Cristo, o filho de Deus." Se é preciso especificar o "evangelho de Jesus", é porque há de haver outros. "Evangelho", de fato, significa "boa notícia", em grego. Era uma expressão comum na Antiguidade greco-romana, usada como uma espécie de clichê em relatos biográficos de grandes personalidades, históricas ou mitológicas.

"Quando o autor de Marcos começou a redigir seu Evangelho [...], ele não teve de trabalhar num vácuo intelectual e literário", escreve Randel Helms.[6] O estudioso prossegue lembrando que o esquema geral dos Evangelhos – um salvador encarna-se na Terra como filho de um deus;

5 "Introduction to the gospels" (in Googan et al., 2001, p.4).

6 Helms, 1988, p.24.

entra no mundo para realizar atos grandiosos; retorna em seguida ao céu – também não era exatamente original.

Helms cita, entre outros exemplos, uma proclamação feita por líderes políticos da Ásia Menor, anos antes do nascimento de Jesus, na qual o imperador César Augusto é celebrado como um "salvador enviado pela Providência" e um "deus manifesto". A proclamação segue afirmando que o nascimento do "deus" Augusto foi "o início de um evangelho para todo o mundo".

Sendo o mais antigo dos Evangelhos – e, portanto, o mais próximo, ao menos cronologicamente, das testemunhas reais dos eventos –, é notável que Marcos não mencione nada sobre o nascimento ou a infância de Jesus.

Mais notável ainda é que a "mãe de Jesus" que aparece no capítulo 3 de Marcos certamente não é a mesma Maria que ouviu a anunciação feita pelo anjo Gabriel, tal como descrita no Evangelho de Lucas.[7] Lá, o mensageiro do céu avisa que ela conceberá uma criança que seria chamada, no devido tempo, de "filho do Altíssimo, e o Senhor Deus dar-lhe-á o trono de seu ancestral Davi".[8] (A questão da ancestralidade de Jesus também é interessante, e trataremos brevemente dela.)

Nos primórdios do cristianismo, alguns comentaristas levantaram a hipótese de que Maria teria sido fecundada pelas palavras do anjo, com a semente masculina entrando, de alguma forma, pelo ouvido. O tema às vezes aparece na arte sacra, com o pombo branco que representa o Espírito Santo sussurrando ao ouvido de Maria. A Maria de Marcos ou não recebeu esse aviso, ou se esqueceu dele. No mais antigo Evangelho, lemos que, logo depois de Jesus proclamar-se "Filho do Homem" – uma expressão retirada do livro profético (e totalmente fictício, tendo sido escrito séculos após os eventos que se propõe a narrar)[9] de Daniel – e de passar a atrair multidões, sua mãe e seus irmãos acharam que ele estava louco e tentaram capturá-lo.[10]

Aliás, o fato de que Jesus tinha irmãos – um dos quais, Tiago, viria a ser o primeiro bispo de Jerusalém e o principal adversário teológico de Paulo – é aceito por praticamente todos os estudiosos que não se veem

---

7 Lc 1:26-31

8 Lc 1:32

9 Helms, 2006, p.68.

10 Mc 3:21 e 3:31

presos, por questões dogmáticas, à crença na virgindade e castidade perpétuas de Maria.

MANJEDOURA OU REIS MAGOS?

Dos quatro Evangelhos canônicos, apenas dois – Mateus e Lucas – tratam do nascimento de Jesus, e o fazem com narrativas totalmente incompatíveis. De fato, um Evangelho literalmente desmente o outro, nesse aspecto. Em Mateus, Jesus nasce na casa de José, na cidade de Belém. Algum tempo depois, a Sagrada Família recebe a visita dos Reis Magos. Esses reis chegaram à Judeia seguindo uma estrela, mas por algum motivo resolveram parar no caminho para pedir informações – mesmo tendo a estrela ainda à disposição.

É essa atitude, um tanto quanto inexplicável, que acaba alertando o rei Herodes Magno para a existência de um concorrente ao título de Rei dos Judeus. A família de Jesus então é orientada a fugir para o Egito para escapar do massacre dos inocentes determinado por Herodes.

O massacre, aliás, é um evento do qual não existe registro histórico – Flávio Josefo (37-103), historiador judaico-romano que elaborou um relato do reino de Herodes Magno, não faz nenhuma referência à atrocidade. Curiosamente, no entanto, existem paralelos dessa narrativa com o massacre de crianças israelitas do sexo masculino no tempo de Moisés[11] (personagem que, como vimos, ecoa um mito mesopotâmico ainda mais antigo) e também com uma tradição bem mais próxima ao tempo dos evangelistas, associada ao imperador César Augusto: o historiador Suetônio (69-141) relata que, quando os oráculos alertaram o povo de Roma de que um rei – o futuro Augusto – estava para nascer, o Senado proibiu que crianças do sexo masculino fossem criadas "por um ano inteiro".

De volta à Sagrada Família: retornando do Egito tempos depois, José e Maria decidem evitar Belém, já que a região era governada por um filho de Herodes, Aquelau, e optam por viver em Nazaré, bem mais ao norte – região que, incidentemente, também era governada por um filho de Herodes, chamado Antipas.

Se a história de Mateus já lhe parece confusa o bastante, espere só.

---

11 Êxodo, 1:22

De acordo com o autor de Lucas, a família era de Nazaré, mas Maria, ainda grávida, teve de acompanhar o marido a Belém, para que José respondesse a um censo ordenado pelos romanos. De acordo com esse evangelista, por algum motivo Roma não queria contar onde cada um dos judeus vivia e trabalhava – o propósito básico de um censo –, mas de acordo com a cidade onde seus ancestrais haviam vivido séculos antes. O censo descrito no texto de Lucas é problemático também por outros motivos. Um deles é o fato de que, na época do nascimento de Jesus, a Galileia, região onde fica a cidade de Nazaré, era um protetorado, e não uma província, de Roma. Desse modo, o decreto de César simplesmente não se aplicaria ao reino.

Enfim, chegando a Belém, o sagrado casal não encontra lugar para se hospedar e passa a noite num estábulo, onde Jesus nasce. Mais tarde, mãe, pai e filho retornam para a carpintaria de José em Nazaré. Repare que nessa versão não há estrela de Belém, Reis Magos, massacre, fuga para o Egito etc.

SINÓPTICOS

Os Evangelhos de Marcos, Mateus e Lucas são muitas vezes chamados de "sinópticos", uma palavra que nesse contexto significa algo como "olhar comum". Esse "olhar comum" vem do fato de que tanto o autor de Mateus quanto o de Lucas trabalharam sobre o texto de Marcos; seus Evangelhos podem ser entendidos como revisões e expansões do mais antigo. O texto de Mateus, por exemplo, reproduz todos os versos de Marcos, com exceção de sessenta deles.[12] Marcos tem 661 versos; Mateus, 1.086; Lucas, 1.149.[13] Cerca de metade do Evangelho de Mateus mais um terço do de Lucas vêm de Marcos.

Então, temos a seguinte situação:

> os autores de Mateus e de Lucas usaram uma mesma fonte para escrever e estruturar seus evangelhos, reinterpretando-a de acordo com seus pontos de vista teológicos particulares. Além disso, complementaram-na com a tradição oral a que tinham acesso e, muito provavelmente, também com doses generosas de imaginação. A

---

12 "Introduction to Matthew" (in Googan et al., 2001, p.1180-2).

13 Greenberg, 2007, p.114-23.

fonte comum a ambos foi o texto de Marcos. Outra fonte, esta hipotética, é um documento, hoje perdido, conhecido como "Q", no qual estariam compilados sermões e máximas atribuídos a Jesus que aparecem em Mateus e Lucas, mas não em Marcos;
Marcos não narra o nascimento de Jesus, mas Mateus e Lucas – que dependem de Marcos e de uma tradição oral de mais de setenta anos – contam esse episódio, só que as duas versões são incompatíveis e contraditórias. A conclusão de que ambas as narrativas sobre a natividade são invenções – dos evangelistas ou das comunidades em que viviam – é virtualmente inescapável. A questão é: invenções para quê? Para impressionar o público-alvo parece ser a resposta.

Com a formação das primeiras comunidades cristãs, as Escrituras Sagradas hebraicas passaram por uma transformação: textos que durante séculos tinham sido interpretados como se se tratasse do passado dos judeus foram transfigurados em profecia. Quando o conjunto de textos sagrados israelita virou, nas mãos dos cristãos, o Velho Testamento, ele deixou de ser um livro de história e mitologia, uma obra sobre tempos idos – ainda que rica em lições para o presente –, e passou a ser um livro de oráculos e portentos, uma obra sobre o futuro: um conjunto de prefigurações da vinda de Jesus.

Os Evangelhos estão repletos desse jogo, versos do "Velho Testamento" tirados de contexto e reinterpretados como sinais e predições da vinda do Salvador. O nascimento em Belém vem do Livro de Miqueias: "Mas tu, Belém de Éfrata, pequena para estar entre as tribos de Judá, de ti, para mim, sairá o que há de ser o dominador de Israel! Suas origens são desde tempos antigos, desde dias longínquos".[14]

Helms afirma que "apenas os cristãos têm tradicionalmente lido esta passagem como uma previsão de um futuro local de nascimento, em vez de uma descrição da origem da dinastia de Davi",[15] já que esse rei tinha nascido em Belém.

Mesmo se Miqueias estivesse prevendo a vinda de um futuro Salvador – o restante da passagem dá a entender que o "chefe de Israel" é um líder militar que defenderá o território dos judeus contra invasores –, ele estava dizendo que esse rei seria descendente de Davi, mas não

14 Miqueias, 5:1. *Bíblia Sagrada*, 2018, p.1303.
15 Randel Helms, 1988, p.51-52.

necessariamente um nativo de Belém. A interpretação geográfica da profecia de Miqueias gerou um problema para os autores de Mateus e de Lucas: a informação de que o pregador Jesus, crucificado pelos romanos, havia vindo da cidade de Nazaré, na região da Galileia, era provavelmente de conhecimento corrente.

Restava, portanto, achar um modo de explicar como um "nazareno" poderia ter nascido em Belém. Em contexto atual, seria como dizer que uma pessoa conhecida pelo gentílico de nova-iorquino na verdade nasceu em Buenos Aires. Sem uma tradição comum à qual pudessem recorrer e sem contato entre si, os evangelistas trataram de resolver o paradoxo cada um de seu jeito. Do mesmo modo, cada um deles inventou uma genealogia própria para Jesus. Cada evangelista cita uma lista de ancestrais de José que é incompatível com a do outro.

Se o nascimento em Belém teve por objetivo satisfazer a sede de profecia dos judeus convertidos ao cristianismo, o nascimento a partir de uma virgem provavelmente entrou na história por pressão dos convertidos gentios e pagãos, que vinham de uma cultura na qual o intercurso entre deuses e mulheres era não só comum, como também esperado. Não apenas semideuses mitológicos, como Hércules e Aquiles, eram tradicionalmente vistos como filhos de deuses e mulheres mortais, mas também figuras históricas, como Alexandre Magno, César Augusto e até o filósofo Platão.

A história, em Mateus, na qual José é advertido a não se assustar com a gravidez de Maria – que é mãe, mesmo se mantendo virgem –, assemelha-se a uma biografia de Platão, na qual Aristo, o "pai humano" do grande filósofo, tem uma visão do deus do Sol, Apolo, e, por isso, mantém a mulher, Perictona, virgem até que ela dê à luz o filho da divindade.

Os cristãos-judeus talvez se dessem por satisfeitos por serem salvos por um mero descendente do rei Davi. Já os gregos e romanos não aceitariam salvação nenhuma, a menos que viesse pelas mãos do filho direto da divindade. Essa situação gera um dos paradoxos mais curiosos dos Evangelhos: José é apresentado como descendente de Davi, o que parece satisfazer o critério judaico, mas ao fim e ao cabo *ele não é* o pai natural de Jesus.

PERDIDO NA TRADUÇÃO

O primeiro capítulo de Mateus (1:22-23) dá ainda a entender que o nascimento do Messias de uma virgem cumpre uma profecia do Velho Testamento.

> 22. Tudo isto aconteceu para se cumprir o que havia sido dito pelo Senhor, por meio do profeta:
> 23. Eis que a Virgem ficará grávida e dará à luz um filho. Ele será chamado pelo nome de Emanuel, que significa: Deus está conosco.[16]

Esse é mais um caso de apropriação indébita de passagens da Escritura judaica, como a suposta "profecia" de Miqueias sobre o nascimento de Jesus em Belém, mas com um agravante: o texto de Isaías (7:14-16) citado por Mateus não está apenas descontextualizado; ele está *errado*. O que Isaías realmente disse foi:

> 14. Pois bem, o próprio Senhor vos dará um sinal: a virgem ficará grávida e dará à luz um filho, e lhe porá o nome de Emanuel.
> 15. Ele vai comer coalhada e mel até que saiba rejeitar o mal e escolher o bem.
> 16. Pois, antes que o menino saiba rejeitar o mal e escolher o bem, a terra dos dois reis que te metem medo será arrasada.[17]

O profeta Isaías não diz, como quer Mateus, "uma virgem conceberá", mas "a jovem concebeu". A expressão "virgem conceberá" aparece na Septuaginta – uma versão em grego das Escrituras judaicas –, mas não no original hebraico, que usa a palavra equivalente a "mulher jovem" (não necessariamente "virgem") e o verbo no presente.[18]

A fala original de Isaías também está longe de ser uma referência messiânica: o profeta dizia ao rei de Judá, Ahaz – que na época da profecia, 734 AEC, estava sendo ameaçado por uma aliança militar entre Síria e Israel –, que o tempo entre uma mulher dar à luz e seu filho discernir o bem e o mal (possivelmente, aos 12 anos),[19] é o mesmo tempo que para que a dupla de inimigos do reino fosse destruída por Yahweh.

---

16 *Bíblia Sagrada, op. cit.*, p.1346.

17 *Ibidem*, p.1018

18 Cf. Asimov, 1981; também Helms, 1988.

19 Callahan, 2002.

De qualquer forma, a noção de que Maria, além de engravidar sem ter mantido contato carnal com o sexo oposto, permaneceu virgem durante e depois do parto parece ter se mostrado bastante popular nos séculos iniciais do desenvolvimento do pensamento cristão. No chamado Protoevangelho de Tiago, datado de cerca de 160 EC, temos não só o suposto relato da parteira chamada para ajudar a mulher de José a parir – e que não viu Jesus sair pelo canal vaginal, mas se materializar em uma nuvem luminosa –, mas temos também a descrição de um exame ginecológico realizado em Maria por uma mulher que duvidava de sua virgindade: "E Salomé introduziu seu dedo, e gritou, e disse: 'Infeliz sou eu por minha iniquidade e minha descrença, porque tentei o Deus vivo; e vede, minha mão cai como se queimada pelo fogo.'"[20] Um anjo então aparece e diz a Salomé que, se ela pegar o bebê Jesus no colo, sua mão será restaurada. O que se cumpre em seguida.

Embora esse protoevangelho não seja considerado canônico, é nele que aparecem pela primeira vez – ao menos, em registro escrito – algumas tradições acatadas por várias denominações cristãs, como o nome dos avós maternos de Jesus, Ana e Joaquim.

---

20 "The Protoevangelium of James", cap.20, [s.d.].

5
RESSURREIÇÃO

A decomposição do corpo humano começa logo após a morte. As enzimas usadas pelas células para quebrar as moléculas de que precisam para viver escapam do controle, destruindo a membrana celular. Com isso, o conteúdo celular vaza, como o líquido do interior de um balão furado. O mesmo processo também destrói a conexão das células entre si, nos órgãos e nos tecidos.

Enquanto isso acontece, a temperatura do corpo sobe ou desce até igualar a do ambiente. Como a temperatura de um corpo humano vivo e saudável, entre 36° C e 37° C, é mais alta do que a temperatura média da maior parte dos ambientes no planeta Terra, normalmente o cadáver esfria. A taxa usual dessa queda de temperatura é de cerca de 0,8°C por hora.[1] Ao mesmo tempo, bactérias que tinham sido parceiras do hospedeiro humano, ajudando-o a digerir comida, passam a digerir *o próprio corpo humano* e também a se alimentar com o caldo nutritivo produzido pelas enzimas celulares descontroladas. O excesso de comida, somado à ausência de um sistema imunológico ativo, leva à explosão populacional de microrganismos e à produção de gases que fazem o corpo inchar. Os

1 Lyle, 2008, p.91.

sucos digestivos do cadáver também se espalham para além dos órgãos que os continham, dissolvendo tecidos pelo caminho. Moscas são atraídas para o corpo assim que a morte acontece – talvez antes, no caso de uma morte lenta e violenta, com várias feridas abertas, como na crucificação.

Sem mãos e braços ativos para matá-las ou afastá-las, as moscas põem ovos nas feridas e nas aberturas naturais do corpo, como boca, narinas, genitais e ânus. Os ovos eclodem e as larvas migram para o interior do cadáver, num período que pode ser até inferior a 24 horas. O ciclo ovo-larva-mosca pode se completar entre duas ou três semanas, dependendo da temperatura.[2]

Há três reversões desse processo, ou ressurreições, atribuídas a Jesus nos Evangelhos (além da própria, claro): a da filha de Jairo (Marcos, Mateus e Lucas), a do filho da viúva (em Lucas) e, talvez a mais famosa, a de Lázaro, no Evangelho de João.

Estudiosos, no entanto, consideram os relatos nos Evangelhos sinópticos como pastiches literários de narrativas protagonizadas pelos profetas Elias e Eliseu, e que aparecem em 1 e 2 Reis, dois livros do Antigo Testamento. Apenas os nomes teriam sido trocados, e algumas circunstâncias, alteradas para transformar as proezas da dupla de profetas em feitos do Filho do Homem. (Entre os pontos de contato, há o fato de tanto os milagres do Antigo Testamento quanto os de Jesus envolverem crianças e viúvas, além da presença de frases, expressões e figuras de linguagem em comum.)

No caso de Lázaro, Randel Helms sugere um paralelo com o mito egípcio da morte e ressurreição de Osíris. Lázaro tinha duas irmãs, Maria e Marta, assim como Osíris tinha Ísis e Néftis. A cidade egípcia onde se passa o mito egípcio, conhecida Heliópolis, Beth-Shemmesh ou Beth-Annu vira Betânia; o nome original egípcio de Osíris é Azar, e Lázaro em hebraico é Eleazar.

Além disso, o encantamento usado por Hórus para ressuscitar Osíris diz: "Oh, Rei Osíris, partiste, mas retornarás; adormeceste, mas despertarás."[3] Jesus, por sua vez, ao anunciar a intenção de ressuscitar Lázaro, afirma: "Lázaro, nosso amigo, dorme, mas vou despertá-lo."[4] No entanto,

---

2 Australian Museum, 2020.

3 *Apud* Helms, 2006, p.90.

4 João, 11:11

por mais que as ressurreições "menores" dos Evangelhos possam ser atribuídas a artifícios literários ou reinterpretações mitológicas, ficamos ainda com o chamado "enigma da tumba vazia": a ressurreição do próprio Jesus. Teríamos aqui evidência sólida de um milagre?

Mais uma vez, a ordem tradicional em que os livros do Novo Testamento estão organizados é enganosa: a primeira narrativa da ressurreição que um leitor casual das Escrituras encontra é a do Evangelho de Mateus. Mas a primeira menção ao Cristo ressuscitado não está nos Evangelhos, mas numa carta de Paulo.

Como vimos no capítulo anterior, o mais antigo dos Evangelhos canônicos, o de Marcos, data de por volta do ano 70 EC, quatro décadas após a crucificação. No entanto, na primeira Carta de Paulo aos Coríntios, datada da década de 50 do primeiro século – isto é, vinte anos após a crucificação – aparece o seguinte trecho:

> 3. De fato, eu vos transmiti, antes de tudo, o que eu mesmo recebi, a saber: que Cristo morreu pelos nossos pecados, segundo as Escrituras,;
> 4. foi sepultado e, ao terceiro dia foi ressuscitado, segundo as Escrituras;
> 5. apareceu a Cefas e, depois, aos Doze;
> 6. Mais tarde, apareceu a mais de quinhentos irmãos de uma vez; a maioria ainda vive e alguns já morreram.
> 7. Depois apareceu a Tiago e, depois, a todos os Apóstolos;
> 8. Por último, apareceu também a mim, que sou como um nascido fora do tempo.[5]

Tentando convencer a comunidade de Corinto da realidade da ressurreição, Paulo enumera uma série cronológica de testemunhas. Há dois dados notáveis: o primeiro é que o apóstolo dos gentios considera a aparição de Cristo que recebeu – a visão mística na estrada de Damasco – como equivalente às recebidas pelas demais testemunhas. Isso parece pôr todos os testemunhos citados num campo muito próximo ao das mesmas visões e êxtases que analisamos no capítulo 3. Algo muito mais parecido com um fenômeno psicológico do que realmente metafísico.

O segundo ponto é o de que a escala cronológica de aparições apresentada por Paulo não corresponde a nenhum dos relatos da ressurreição presentes nos quatro Evangelhos. Paulo diz que a primeira aparição

---

5 I Cor 15:3-8 (*Bíblia Sagrada*, 2018, p.1575-6).

foi a Pedro ("Cefas"). Os Evangelhos mencionam a aparição inicial para mulheres que tinham ido visitar a tumba (Marcos, Mateus e João) ou para um par de discípulos fora do círculo dos apóstolos (Lucas).

Depois, Paulo fala em uma aparição aos "Doze". Mas que doze? Judas Iscariote, o traidor, ou já estava morto, ou certamente não era mais um membro do grupo. "Paulo não sabia das narrativas de ressurreição dos Evangelhos pela simples razão de que elas ainda não tinham sido inventadas", afirma Helms.[6]

O Evangelho de Marcos é o mais enigmático em relação à ressurreição. O texto original sequer apresenta a figura de Cristo ressuscitado, limitando-se a mostrar a tumba vazia e terminando com o versículo 8 do capítulo 16: "E então elas fugiram da tumba, pois estavam dominadas pelo terror e pelo espanto; e não disseram nada a ninguém, pois tinham medo." O verso descreve a reação de duas mulheres, identificadas como Maria Madalena e de Maria, mãe de Tiago, à descoberta do sepulcro de Jesus aberto e vazio, guardado por um menino misterioso – possivelmente um anjo. Há algo de especialmente perturbador no Evangelho de Marcos, tanto nessa cena final de fuga em pânico quanto nas últimas palavras de Jesus sobre a cruz: "Meu Deus, Meu Deus, por que me abandonaste?"[7] Palavras essas, aliás, uma citação do Salmo 22.

Tão perturbador é Marcos, na verdade, que outros logo se deram ao trabalho de emendá-lo. Autores desconhecidos deram, ao texto original, dois finais "alternativos", conhecidos como o "curto" e o "longo", que descrevem aparições do Cristo ressuscitado, as ordens que dá aos discípulos e sua ascensão ao céu.

O final do Evangelho de Mateus também é uma emenda do de Marcos. As diferenças principais estão na montagem da cena do sepulcro: se, em Marcos, as mulheres encontram a tumba aberta e vazia, em Mateus o túmulo se abre diante dos olhos delas, pela ação de um anjo.[8] Esse parece ter sido um dispositivo encontrado pelo evangelista para se contrapor ao boato de que a tumba de Jesus estava vazia porque os apóstolos haviam roubado o corpo. Nessa versão da história, a tumba vazia indica que Jesus não só ressuscitou, como também foi embora antes de ela ser aberta, presumivelmente atravessando miraculosamente a pedra.

---

6 Helms, 1988, p.129.

7 Marcos 15:34

8 Mateus 28:2

A segunda diferença é que, em Mateus, o Cristo ressuscitado aparece e interage com as mulheres que foram à tumba. Ele primeiro ordena que elas avisem os discípulos para encontrá-lo na Galileia e, depois, reúne-se com eles. O Evangelho de Mateus fecha-se com a memorável frase "Estou convosco sempre, até o fim dos tempos".[9]

Em Lucas, as mulheres encontram a tumba aberta e vazia, mas encontram não um menino ou um anjo ao lado dela, mas dois homens adultos – possivelmente um par de anjos – que as avisam da ressurreição. Além disso, a primeira aparição de Cristo é para uma dupla de discípulos, um dos quais chamado Cleopas. Outra diferença notável em relação a Marcos e Mateus é que, em vez de enviar os discípulos à Galileia, o autor de Lucas os mantém em Jerusalém.

Essa divergência atende a uma necessidade literária, já que nos Atos dos Apóstolos – outro livro do Novo Testamento, também escrito pelo autor de Lucas – os discípulos recebem o Espírito Santo em Jerusalém durante o Pentecostes, cinquenta dias após a crucificação. O autor de Lucas também muda as palavras finais de Jesus na cruz. De acordo com ele, escrevendo mais de cinquenta anos após o fato, o que o Messias disse foi: "Pai, em tuas mãos entrego meu espírito",[10] citação do Salmo 31.

Finalmente, em João, é Maria Madalena quem, sozinha, descobre a tumba aberta e vazia. É também ela a primeira pessoa ver o Cristo ressuscitado, reconhecendo-o depois de confundi-lo com um jardineiro.[11] E, nessa versão, temos como últimas palavras de Cristo na cruz: "Está consumado."[12]

Resumindo: as narrativas da ressurreição, levando-se em conta a carta de Paulo e os quatro Evangelhos canônicos, são quase tão contraditórias entre si quanto as da natividade. Não há acordo sobre o fato de a tumba estar aberta ou fechada; de Jesus aparecer primeiramente para uma ou mais mulheres, ou para os discípulos, ou apenas para Pedro. Nem há consenso sobre a primeira aparição para os apóstolos: se ela ocorreu em Jerusalém (Lucas e João) ou na Galileia (Mateus e, por implicação, Marcos). Também não se sabe se o Cristo ressuscitado era um

---

9 Mateus 28:20

10 Lucas 23:46

11 João, 20:15

12 João: 19:30

corpo de carne e osso, que precisava abrir a tumba – ou fazer com que um anjo a abrisse –, ou um ser espiritual, capaz de atravessar a pedra.

O teólogo e historiador alemão Gerd Lüdemann publicou, em 2004, os resultados de uma extensa pesquisa, chamada *A ressurreição do Cristo: uma investigação histórica*.[13] Lüdemann analisou não apenas os textos canônicos, mas também outros documentos dos primórdios do cristianismo que só sobrevivem na forma de fragmentos, como o chamado Evangelho de Pedro. E conclui que a "tradição das aparições", nas quais o Cristo ressuscitado é visto por apóstolos ou outros fiéis e que podem ser comparadas à visitação de um anjo ou de um fantasma, e a "tradição da tumba vazia", que narra a descoberta do túmulo desocupado, surgiram de forma independente uma da outra. "Com o tempo, as tradições da tumba e das aparições foram se tornando cada vez mais próximas, até que a natureza das histórias originais de aparição tornou-se irreconhecível",[14] escreve. O historiador diz ainda que os registros remanescentes sugerem que as aparições eram, originalmente, experiências subjetivas, como visões ou alucinações.

Lüdemann conclui que as visões do Cristo após a crucificação ocorreram originalmente na Galileia, não junto do túmulo ou na cidade de Jerusalém, e provavelmente começaram como uma reação psicológica de Pedro à morte de Jesus, numa mistura de tristeza e culpa por ter negado o mestre – como descrito, por exemplo, em Marcos 14:72 e Mateus 26:34. O pesquisador compara a experiência à de viúvos que muitas vezes ainda imaginam ver ou ouvir a voz do cônjuge morto, mas num contexto de choque e surpresa muito mais forte.

Gerd Lüdemann postula que a morte de Jesus não apenas teria sido abrupta e inesperada para os discípulos – que contavam com a chegada iminente do Reino de Deus –, como ainda os teria privado de uma fonte inestimável de estabilidade emocional e de apoio psicológico: afinal, para seguir Jesus, os apóstolos tinham abandonado a família, a profissão, a religião – a forma ortodoxa do judaísmo – e a própria sociedade onde viviam. De repente, viram-se cara a cara com a dura realidade da cruz e foram obrigados a administrar o impacto emocional provocado pela morte de Cristo, além de encontrar uma interpretação aceitável para os fatos do Calvário.

---

13 Lüdemann, 2004.

14 *Ibidem*, posição 1502 (edição Kindle)

DISSONÂNCIA COGNITIVA

Muitos comentaristas mencionam o sucesso subsequente do cristianismo – causado, ao menos em parte, pelo fervor missionário que tomou conta dos apóstolos – como evidência de que a ressurreição, ou algum outro evento miraculoso, como o Pentecostes, teria de ter ocorrido. Afinal, como um grupo de homens derrotados, que viu suas esperanças destruídas juntamente com a morte ignominiosa do líder carismático, poderia ter encontrado energia para criar o que viria a ser a maior religião do mundo ocidental?

Curiosamente, isso pode ser explicado por meio de um fenômeno psicológico conhecido como "dissonância cognitiva". Em 1956, o psicólogo norte-americano Leon Festinger (1919-1989) e colegas publicaram um trabalho hoje considerado clássico, *When profecy fails*[15] ("Quando a profecia fracassa"), no qual explicam como pessoas conseguem adaptar os fatos às crenças que lhes são caras e que têm interesse em manter – em vez de adaptar as crenças aos fatos.

Festinger infiltrou-se num grupo de entusiastas por objetos voadores não identificados que havia profetizado – por meio de mensagens sobrenaturais de um ser chamado Sananda – um apocalipse para 21 de dezembro de 1954. Estados Unidos, Rússia e Europa seriam devastados por tsunamis, mas os fiéis de Sananda seriam poupados. O resgate dos fiéis por uma frota de discos-voadores foi marcado para a meia-noite do dia 20. Mas a zero hora veio, passou e as naves extraterrestres não desceram. O efeito da profecia fracassada, no entanto, não foi abalar, e sim *reforçar* a fé do culto.

Às 4h50 da madrugada do dia 21, a profetisa de Sananda, a dona de casa Marian Keech,[16] psicografou uma série de mensagens, na qual ficava explicado que seu pequeno grupo de fiéis produzira "tanta luz" que o apocalipse tinha sido cancelado. Antes do Grande Dilúvio, o culto de Sananda era pequeno e exclusivo. A salvação era para os eleitos, para

---

15 Festinger; Riecken; Schachter, 2008.

16 Quando *When prophecy fails* foi publicado, os nomes dos membros do culto foram substituídos por pseudônimos. Nas décadas seguintes, no entanto, as verdadeiras identidades dos envolvidos tornaram-se públicas: Marian Keech era na verdade Dorothy Martin (1900-1992), e Thomas Armstrong, Charles Laughead.

os que tivessem sido "chamados", num curioso paralelo com o Evangelho de Marcos (13:13): "Eis por que lhes falo em parábolas: para que, vendo, não vejam e, ouvindo, não ouçam nem compreendam". Agora, além do esclarecimento sobre a suspensão do fim do mundo, as mensagens psicografadas da madrugada de 21 de dezembro traziam ainda novas ordens para os fiéis: espalhar a Palavra pelo mundo. De um grupo fechado, restrito aos que sentissem um chamado interior, o culto assumiu uma postura de ativo proselitismo.

"A partir deste momento", escreve Festinger, descrevendo a situação do grupo após a divulgação das mensagens psicografadas da madrugada, "o comportamento deles em relação à imprensa mostrou um contraste quase violento com que havia sido antes. Em vez de evitar os repórteres e sentir que a atenção da imprensa era dolorosa, eles se tornaram, quase instantaneamente, ávidos caçadores de publicidade".[17]

O depoimento de um dos seguidores de Sananda, o médico Thomas Armstrong – principal apóstolo de Marian Keech e um dos mais destacados articuladores do culto – pode muito bem ter sido um eco dos pensamentos do principal apóstolo de Jesus, Pedro, na manhã após a crucificação: "Abri mão de praticamente tudo. Cortei cada laço. Queimei cada ponte. Dei as costas ao mundo. Não posso me dar ao luxo da dúvida. Tenho que acreditar."[18]

---

17 Festinger; Riecken; Schachter, *op. cit.*, p.171-172.

18 *Apud ibidem.*

6
O SUDÁRIO DE TURIM

Em outubro de 2009, o químico italiano Luigi Garlaschelli – que voltaremos a encontrar no próximo capítulo – marcou o ponto alto da festa de vinte anos do Comitê Italiano para a Investigação de Alegações de Pseudociência (Cicap – Comitato Italiano per il Controllo delle Affermazioni sulle Pseudoscienze) com a criação de uma réplica do Sudário de Turim.

A técnica usada por Garlaschelli foi cobrir um voluntário com uma peça de linho, tecida especialmente para a ocasião, esfregá-la com tinta e depois aquecê-la um forno, para simular a passagem dos séculos. O voluntário teve de usar uma máscara para evitar a distorção da imagem, que ocorreria se o pano realmente cobrisse o contorno de uma face humana. (A questão da distorção, aliás, é uma das provas mais claras de que a figura do sudário não é resultado do contato da mortalha com um corpo humano. Faça a experiência: encoste um pano no rosto e imagine como seria a imagem impressa no tecido se sua cara estivesse coberta de tinta – ou de sangue. O resultado seria uma mancha alongada e meio cilíndrica, muito diferente do registro do Homem no Sudário.)

A performance de Garlaschelli foi realizada para demonstrar que uma peça com as mesmas características "milagrosas" do sudário – "a imagem é um pseudonegativo, difusa em meios-tons, limita-se à parte superior das fibras, tem algumas propriedades 3D e não tem fluorescência", de acordo com ele[1] – poderia ser recriada com técnicas mundanas, disponíveis para um artista medieval. A réplica de 2009 está longe de ter sido a primeira reprodução do sudário a mostrar características que supostamente seriam milagrosas, inimitáveis, exclusivas do original.

Na década de 1980, o artista plástico norte-americano Walter Sanford, usando uma tinta produzida segundo receitas medievais, criou diversos sudários que, em análise microscópica, se mostraram indistinguíveis do original. De acordo com Walter McCrone (1916-2002)[2] – um dos maiores especialistas em análise microscópica do século XX –, Sanford especializou-se tanto nessa técnica que passou a oferecer retratos em "estilo sudário" para amigos e parentes. E ele não usava voluntários deitados ou máscaras, apenas pincel, tinta e talento. Mas, antes de chegarmos a McCrone e seu trabalho definitivo sobre a questão, um pouco de história.

A peça hoje conhecida como Sudário de Turim apareceu pela primeira vez na cidade de Lirey, na França, em 1356. Alguns autores, como Ian Wilson, chegaram a sugerir que a peça de Lirey era, na verdade, uma antiga relíquia do Império Bizantino levada à Europa pelos cruzados,[3] mas há diversas linhas de evidência contra essa hipótese.

O sudário não existe na história antes de sua aparição na França. Uma nova igreja havia sido inaugurada em Lirey e, mais ou menos como hoje todo novo programa de televisão precisa de uma atração especial para chamar a atenção do público, na época igrejas novas precisavam de relíquias – restos mortais de santos ou objetos supostamente tocados por santos ou por Jesus – para atrair fiéis. Enfim, a igreja precisava de uma relíquia para avançar no mundo dos negócios, e ela surgiu. Seu proprietário era um cavaleiro, Geoffroy de Charney (*c.* 1300-1356).

A peça, anunciada como "a verdadeira mortalha de Cristo",[4] não demorou a atrair multidões para a nova igreja, Nossa Senhora de Lirey, nem a ser denunciada como fraude por não uma, mas duas gerações de

1 *Apud* Polidoro, 2010, p.18.

2 McCrone, 1999, posição 1491 (edição Kindle).

3 Wilson apresenta esse argumento em livros e artigos publicados desde a década de 1970. Um dos mais recentes, o volume *The shroud* (O sudário), foi lançado na Inglaterra em 2010 pela editora Transworld.

4 Nickell, 2007, p.125.

bispos locais. A primeira investigação, realizada pelo bispo local, Henri de Poitiers (*c.* 1200-1276), descobriu não só o pintor que havia produzido a suposta relíquia, como também a técnica usada por ele. Sabemos disso porque um sucessor de Henri na diocese, o bispo Pierre D'Arcis, escreveu uma carta ao papa de Avignon (ou o "antipapa"; na época havia dois papas rivais, um na França e outro em Roma), Clemente VII (1342-1394), descrevendo os resultados do inquérito. Na mesma carta, D'Arcis queixa-se de que o decano de Lirey, "consumido pela paixão da avareza, falsa e enganosamente, e não por motivo de devoção, mas apenas pelo lucro, obteve para sua igreja um certo pano pintado, no qual, por uma inteligente prestidigitação, foi representada a imagem dupla de um homem [...] que ele falsamente declarou e fingiu ser o sudário real no qual Nosso Salvador Jesus Cristo foi embalado na tumba."[5]

Depois de muitas idas e vindas, incluindo gestões da família de Charney junto do papa francês – que era parente distante – para silenciar o bispo – que se ofereceu para explicar a verdade sobre o sudário a quem perguntasse – e de contraofensivas de D'Arcis, Clemente VII finalmente decidiu, em 1390, que o sudário poderia ser exibido apenas como uma "representação". Os exibidores deveriam anunciar que se tratava de "uma pintura feita à semelhança ou representando o sudário de Cristo", e não a coisa real.

Assim como acontece com as advertências exigidas pelas autoridades de saúde pública na embalagem de vários produtos "milagrosos" à venda hoje em dia, o alerta exigido pelo papa ficou no equivalente medieval de letrinhas miúdas. Por fim, em 1453, a neta de Geoffroy de Charney, Margaret, vendeu o sudário ao duque de Saboia (1438-1497), chefe da casa nobre que um dia viria a ser a família real da Itália.

Foi como propriedade dos Saboia que a peça foi parar em Turim, no século XVI. O sudário continuaria a pertencer à família até 1983, quando foi doado ao papa João Paulo II (1920-2005), por dispositivo do testamento do ex-rei da Itália, Umberto II (1904-1983). O sudário encontra-se na Catedral de São João Batista, em Turim, onde a Capela do Santo Sudário foi construída no século XVII.

A mais recente exibição pública da peça – uma faixa de linho de cerca de 4,5 metros de comprimento por um metro de largura, na qual aparece a imagem dupla de um homem nu, frente e costas, além de manchas de

---

5 *Ibidem*, p.125

"sangue" – ocorreu em 2015. Essas exibições tendem a se tornar cada vez mais raras, já que os séculos têm fragilizado tanto a imagem quanto o tecido. O sudário também apresenta manchas causadas por umidade e está queimado em alguns pontos: a peça escapou por pouco do incêndio na capela da família Saboia, na França, onde se encontrava em 1532.

ESTILO GÓTICO

A simples observação atenta da imagem no sudário já sugere que se trata de uma pintura medieval. Além da já mencionada ausência de distorção, a imagem que representa a parte de trás do corpo – costas, nádegas – é tão tênue quando a da frente. No entanto, no caso de um pano sobre o qual um corpo real tivesse sido deitado, seria de se esperar que o peso do cadáver produzisse uma impressão muito mais forte na superfície em contato com espátulas e nádegas.

Outros fatores também chamam a atenção, como a forma alongada do corpo, compatível com o estilo gótico do século XIV; o fato de que um dos braços do Homem no Sudário é mais comprido que o outro; e a presença da impressão da planta do pé direito da figura, o que, anatomicamente, só seria possível se a perna estivesse dobrada. Uma perna real dobrada impediria a impressão da panturrilha. No entanto, a panturrilha direita também aparece na imagem. As "manchas de sangue" no linho são vermelhas e, embora isso pareça natural, não é: o sangue fica cada vez mais escuro à medida que oxida, até tornar-se negro.

Por fim, o sudário é incoerente com a descrição do tratamento dado ao corpo de Jesus, como narrado no Evangelho de João: enquanto a suposta mortalha de Turim pretende ser uma peça única de tecido sobre o qual o cadáver foi deitado e que, depois, viu-se dobrada sobre a parte da frente do corpo, em João (20:6-7) são descritos "panos", um enrolado sobre a cabeça e outros sobre o corpo.

PESQUISA CIENTÍFICA

O interesse científico sobre o Sudário de Turim começa em 1898, quando o advogado italiano Secondo Pia (1855-1941) fotografou a imagem e ficou espantado ao descobrir que o negativo apresentava feições mais nítidas que o original. Era como se a imagem no tecido já fosse, em si, um negativo. Assim surgiu a primeira questão "misteriosa" sobre o sudário: como um "mero" artista medieval poderia ter criado um negativo fotográfico perfeito, séculos antes da invenção da fotografia?

Antes de prosseguirmos, cabe uma observação: acredito que essa pergunta revela um preconceito contra a inteligência e a engenhosidade de nossos antepassados, do mesmo tipo da falsa questão sobre "quem construiu as pirâmides": pressupõe-se que, só porque nossa tecnologia permite fazer coisas de determinada forma, essas mesmas coisas só podem ser feitas do nosso jeito.

Entre 1969 e 1973, um grupo de cientistas italianos preparou o terreno para a análise científica do sudário – propondo, por exemplo, a criação de um sistema de coordenadas para localizar a procedência exata das amostras que viessem a ser retiradas do tecido – e fez um primeiro levantamento da peça. Todas as tentativas de encontrar sinais sangue falharam. A especialista em arte do grupo, Noemi Gabrielli (1901-1979), não só reconheceu o estilo medieval-renascentista da obra como ainda sugeriu algumas técnicas por meio das quais o trabalho poderia ter sido executado.

Mais ou menos na mesma época em que os italianos elaboravam seu relatório – que viria a ser publicado em 1976 –, o perito criminalista suíço Max Frei (1913-1983) obteve algumas amostras da superfície do sudário usando fita adesiva, que aplicada sobre o tecido e depois puxada, arrasta consigo fibras e partículas. Frei chegou a alegar que suas amostras apresentavam sinais de pólen de plantas exclusivas do Oriente Médio, mas seu trabalho acabou sendo considerado fraudulento.[6]

Em 1978, um grupo de cientistas baseado nos Estados Unidos formou o STURP – The Shroud of Turin Research Project (Projeto de Pesquisa do Sudário de Turim) que incluía, inicialmente, o especialista norte-americano em microscopia Walter McCrone (1916-2002). Com ampla experiência em análise e autenticação de obras de arte, McCrone submeteu 32 amostras de partículas do sudário, retiradas com fita adesiva, à observação em microscópio e encontrou partículas de ocre vermelho – um pigmento usado desde a pré-história – em algumas das fibras de linho. Separando as fitas com ocre das fitas "limpas", McCrone determinou que as amostras contendo tintura vinham exclusivamente das áreas do

6 McCrone, 1999; Nickell, 2007, p.135.

sudário nas quais há imagens visíveis, e as "limpas", de áreas em que a figura não aparece. Com isso, ele muito naturalmente concluiu que o ocre vermelho era a causa da imagem e que, portanto, o sudário não passava de uma pintura.

Em 1996, McCrone publicou o que provavelmente é a obra definitiva sobre o caso do sudário, *Judgment Day for the Shroud of Turin* (Juízo Final para o Sudário de Turim). Trata-se de um livro ao mesmo tempo técnico, divertido, humano e amargo – a amargura vinda dos ataques que McCrone sofreu por parte dos colegas do STURP e das pressões a que foi submetido por representantes da Igreja Católica, depois de anunciar suas conclusões. "Finalmente, em 10 de janeiro [de 1979], usei uma magnificação maior nas partículas vermelhas", escreve McCrone em seu livro.

> Obviamente, eu estava tendo problemas em chamar essas partículas de pigmento de tinta. Se tivesse visto as mesmas partículas vermelhas numa pintura de Rafael, teria imediatamente, e sem questão, chamado-as de ocre vermelho. [...] Era difícil superar meu condicionamento de que o Sudário seria autêntico e de que a imagem vermelha seria de substâncias naturais características de um Cristo crucificado.[7]

Mais tarde, colegas de McCrone identificaram outro tipo de pigmento artificial, à base de mercúrio, nas manchas de "sangue" do sudário. A descoberta, algum tempo depois, de colágeno nas fibras correspondentes à imagem – a substância gelatinosa era usada na Idade Média como veículo para pigmentos minerais da tinta – foi a última gota, e ele se convenceu de que estava diante de uma pintura feita por volta de 1355.

Para os demais membros do STURP, o condicionamento se mostrou forte demais: as fitas de amostra em poder de McCrone foram confiscadas pelo grupo, e o microscopista acabou deixando o projeto. O relatório final do STURP, publicado em 1981, ignora as conclusões de McCrone por completo. O texto afirma que "não foram encontrados pigmentos, tintas ou corantes" no sudário, que "a resposta para a questão de como a imagem foi produzida ou o quê produziu a imagem continua agora, como no passado, um mistério".[8]

---

7 McCrone, 1996, posição 964 (edição Kindle).

8 A Summary of STURP's Conclusion, [s.d.].

Em seu livro, McCrone atribui as conclusões do STURP a uma mistura de equipamento inadequado – ele brinca, dizendo que os cientistas do projeto usaram "tecnologia da era espacial" para tratar um problema que requeria um equipamento inventado há séculos, o microscópio óptico –, incompetência para lidar com questões de arte e falsificação e, talvez o mais importante, uma questão de fé. "Eles têm uma fé absoluta num Sudário autêntico. Ele tem de ser do primeiro século e tem que ser o de Cristo", escreve McCrone. "Isso os leva a ignorar ou a distorcer os dados".

Em um artigo científico publicado em 1990, basicamente como refutação dos resultados do STURP, o microscopista apresenta fotos comparando as partículas que viu no sudário com partículas conhecidas de pigmento. Fotos coloridas, com comparações do tipo, também aparecem em seu livro. Além de enfrentar a crescente tensão com o STURP, McCrone manteve uma intensa correspondência com um padre católico intimamente ligado ao sudário, Peter Rinaldi.[9]

Embora a posição oficial da Igreja Católica sobre a relíquia seja muito parecida com a definida pelo antipapa Clemente VII – trata-se de uma "representação" da mortalha de Cristo –, o investimento emocional de parte do clero e dos fiéis católicos na questão fica evidente nas cartas, algumas das quais aparecem no livro. Padre Rinaldi, por exemplo, bombardeia McCrone com perguntas e contestações com um tom que às vezes beira a grosseria. As cartas de Rinaldi são, no geral, um esforço supremo para levar o microscopista a mudar de ideia ou, se isso não fosse possível, intimidá-lo para que se mantivesse em silêncio. O ponto a que o padre sempre retorna é: como um artista medieval poderia ter criado um negativo fotográfico perfeito?

A resposta de McCrone – repetida várias vezes, carta após carta – é perfeitamente razoável: o pintor não estava tentando criar um negativo. Ele estava tentando simular, artisticamente, o tipo de imagem que um cadáver deixaria numa mortalha. Dessa forma, as partes mais proeminentes – nariz, testa, queixo – deixariam marcas mais escuras que, por exemplo, o pescoço ou a órbita dos olhos. Isso é exatamente o oposto do que um pintor de retratos normalmente faz: num retrato, a testa e o nariz são mais claros – mais brilhantes – que as órbitas dos olhos, que ficam na sombra da testa, ou a garganta, geralmente à

---

9 McCrone, 1990.

sombra do queixo. Assim, a imagem do sudário seria, naturalmente, um retrato em negativo.

Além disso, se o artista for cuidadoso e realizar a pintura com uma gradação suave da cor, indo do mais escuro nas partes mais proeminentes para o mais claro nos recessos, as diferentes intensidades de tinta geram o efeito 3D que tanto assombra os fiéis do sudário. Por fim, a imagem no sudário não é um "negativo perfeito": os cabelos e a barba são positivos – isto é, escuros – na imagem pintada.

O tira-teima entre McCrone, a Igreja e o STURP veio em 1989, com a publicação, na revista científica *Nature*, do resultado de três datações de carbono-14, feitas de forma independente em três laboratórios, de pedaços do tecido do sudário. O resultado mostrou que o linho data de 1325,[10] uma confirmação bastante precisa da previsão feita pelo microscopista.

Tentativas de desacreditar as datações surgiram quase imediatamente, mas, nas palavras do investigador Joe Nickell – que publicou em 1983 e, depois, em 1998, numa edição atualizada, o livro investigativo *Inquest on the Shroud of Turin*[11] (Inquérito sobre o Sudário de Turim) –, elas são pouco mais que "uvas verdes",[12] como diria a raposa da fábula.

Como é virtualmente impossível refutar as datações – os resultados dos três laboratórios concordaram com uma diferença de poucas décadas entre si, e as amostras de controle, usadas para checar a confiabilidade do processo, foram todas datadas corretamente –, surgiram alegações de problemas com as amostras: elas teriam sido contaminadas ou retiradas de remendos ou restaurações do sudário. A ideia de contaminação cai por terra quando se vê que o protocolo de realização do teste requer limpeza cuidadosa das amostras. Mesmo que carbono de fontes mais recentes – como de pólen ou bactérias – tivesse interferido na datação, McCrone calculou que seria necessária uma massa de contaminantes duas vezes maior que a do próprio sudário para provocar um erro de 1.300 anos na data obtida.[13]

Quanto à possibilidade de remendos, o artigo da *Nature* informa que a tira removida para produzir as amostras analisadas "veio de um único local do corpo principal do sudário, afastado de quaisquer remendos ou

10 Damon et al., 1989.
11 Nickel, 1998b.
12 Nickel, 1998a, p.28.
13 McCrone, [s.d.].

áreas queimadas". A despeito disso tudo, no entanto, a indústria da sindologia – como é chamado o "estudo" do sudário feito com o objetivo expresso de provar que ele é legítimo – segue forte.

Levantamento feito em 2001 indicava que, no mercado de língua inglesa, existiam dez livros descrevendo corretamente os fatos científicos sobre o sudário contra quatrocentas obras promovendo a pintura como relíquia legítima. Há quem peça uma nova datação de carbono-14, agora com amostras retiradas de pontos diferentes do sudário, para dirimir as dúvidas que restam.

Mas é improvável que quem acha que ainda restam dúvidas, mesmo considerando a notável convergência de dados e datas entre três linhas de investigação independentes – a carta do bispo D'Arcis ao papa, a inspeção de McCrone e a datação divulgada na *Nature* –, vá se satisfazer com qualquer conclusão diferente de um milagre puro e simples.

7
RELÍQUIAS DE SANGUE

Em sua *Suma Teológica,* escrita no século XIII, Santo Tomás de Aquino (1225-1274) defende a veneração das relíquias, com o argumento de que os restos mortais de pessoas santificadas são usados por Deus como veículos para manifestação de milagres. Escreve o doutor da Igreja:

> Devemos honrar quaisquer relíquias deles de modo adequado: principalmente seus corpos, que eram templos, e órgãos do Espírito Santo habitando e operando neles, e estão destinados a ser comparados ao Corpo de Cristo pela glória da Ressurreição. Portanto, o Próprio Deus adequadamente honra tais relíquias, operando milagres na presença delas.[1]

Ironicamente, essa veneração fez do cadáver de Tomás de Aquino alvo de intensa disputa religiosa e política logo após a morte do teólogo. Hoje à pedaços do corpo do santo espalhados por toda a Europa (incluindo dois crânios "autênticos").[2]

---

1 Thomas de Aquino, livro 3, questão 25, artigo 6 (tradução do autor).

2 Klooster, 2019.

Durante a Idade Média, a fascinação mórbida por relíquias possibilitou a criação de uma verdadeira indústria. Mesmo fontes católicas reconhecem que, no início do século IX, a exportação de cadáveres de mártires para fora de Roma havia assumido proporções de "comércio regular".[3] O tráfico de artigos espúrios e de falsificações intensificou-se sobretudo a partir das Cruzadas,[4] e o Sudário de Turim, analisado no capítulo anterior, pode muito bem ter sido um produto desse clima.

Relíquias mantidas em igrejas costumam ser acondicionadas no interior de objetos decorados – os relicários – e levadas em procissões durante dias de festa. Muitas vezes, o relicário reproduz a parte do corpo do santo de onde a relíquia supostamente veio – braço, cabeça etc. A crença no poder das relíquias perdura: em 1949, um fragmento de osso de São Francisco Xavier (1506-1552) foi usado por padres jesuítas que cuidavam do caso da possessão demoníaca de R., garoto de 13 anos que viria a inspirar o filme *O Exorcista*.[5]

Um tipo particular de relíquia é a relíquia de sangue: nesse caso, o relicário é um recipiente transparente no qual se vê o coágulo do sangue de um mártir. Apenas na Itália, principalmente nos arredores de Nápoles, há cerca de 190 relíquias de sangue,[6] algumas das quais apresentam uma propriedade milagrosa: o coágulo se liquefaz uma ou mais vezes ao ano, voltando a solidificar-se depois. Dessas relíquias milagrosas, a mais famosa é a de São Januário, ou San Gennaro.

De acordo com a tradição, Januário era bispo de Benevento, cidade ao sul da Itália. Foi decapitado em 305, durante o reinado do imperador Diocleciano, que no ano 303 ordenara a queima das Escrituras cristãs e a demolição das igrejas. No início do século V, suas relíquias foram levadas para Nápoles. Embora tenham sido deslocadas para outras cidades por causa de guerras, retornaram para a capital napolitana. O primeiro registro do milagre da liquefação do sangue é de 17 de agosto de 1389, mais de mil anos após a morte do santo.

O evento é bem documentado e ocorre até hoje: o "sangue" – cerca de 30 ml de substância desconhecida, de cor marrom, contida num frasco redondo e achatado mantido dentro de um relicário de prata – se

3 "Verbete "Relics" (in *Catholic Encyclopedia*).
4 Verbete "Relics" (in Bowker, 2005, p.482).
5 Rueda, 2018, p.72.
6 Garlaschelli, 1998.

liquefaz na cerimônia realizada na catedral de Nápoles, quando o relicário é erguido, deslocado e inclinado, para verificar se o coágulo se dissolveu e se o líquido flui no interior da ampola. Há alegações de que até mesmo o peso do relicário aumenta durante o milagre.

Algumas explicações propostas para o fenômeno incluem variações de temperatura – o "sangue" seria um tipo de cera ou gordura que derrete ao se aproximar das velas do altar – ou de absorção de umidade do ambiente, o que explicaria o suposto aumento de peso. Contra a explicação da umidade, há o fato de que a ampola é lacrada, e de que seria preciso explicar como a água deixa depois o relicário, já que a substância volta a solidificar-se. Já a hipótese de que se trata de um material com baixo ponto de fusão parece, a princípio, mais consistente: proposta pela primeira vez em 1826,[7] ela levou às primeiras tentativas de simular o "sangue" com compostos comuns – chocolate, leite e sal foram usados, por exemplo, em 1890. No entanto, mesmo a ideia da variação de temperatura é insatisfatória, já que a liquefação e posterior coagulação do "sangue" ocorrem em diferentes estações do ano, inclusive no inverno.

A Igreja Católica proíbe a abertura do frasco para que seu conteúdo seja examinado, mas uma análise espectroscópica foi realizada em 1902, a partir da luz de uma vela que atravessava por um prisma as camadas de vidro do frasco e do relicário, chegando à substância liquefeita. A análise foi replicada – com a mesma técnica primitiva – em 1989. As únicas diferenças foram a substituição da vela por lâmpadas elétricas e o uso de chapas fotográficas para registrar o resultado. Ambos os testes acusaram a presença de sangue, mas nenhum deles foi publicado em revistas científicas com revisão pelos pares; ambos constam apenas de um livreto impresso pela Cúria local. Além disso, a técnica usada permite que certos corantes vermelhos sejam confundidos com hemoglobina, uma proteína do sangue.[8]

Em um artigo publicado em 1991 na revista *Nature*[9] e ampliado, em 1994, na publicação *Chemistry in Britain*,[10] o professor italiano de química orgânica Luigi Garlaschelli – que já encontramos na recriação do Sudário de Turim – propõe como explicação o fenômeno chamado tixotropia.

---

7 *Idem*, 1994.

8 Garlaschelli, 1994.

9 Garlaschelli; Ramaccini; Sala, 1991.

10 Garlaschelli, 1994.

Trata-se, basicamente, da propriedade que algumas substâncias têm de se tornar menos viscosas – mais líquidas, por assim dizer – quando agitadas. O *catchup* é um exemplo corriqueiro de material tixotrópico.

"O próprio ato de manusear o relicário, repetidamente virando-o de lado para checar seu estado, pode fornecer o estresse mecânico necessário para induzir a liquefação", escreve Garlaschelli, que também criou sua própria versão do "sangue milagroso" com uma mistura de óxido de ferro, calcário e outras substâncias. O "sangue" de Garlaschelli funciona como o do relicário. O químico nota ainda que, no século XIV, a única fonte de uma das substâncias usadas em sua mistura, um composto de ferro e cloro, era o mineral molisita, que só ocorre naturalmente na vizinhança de vulcões ativos. Nápoles, curiosamente, fica perto do Vesúvio.

Quanto à variação de peso, o fenômeno foi registrado duas vezes, em 1900 e 1904, mas sem controle científico. De acordo com Garlaschelli, uma publicação da Igreja Católica reconhecia, em 1994, que testes realizados em balanças elétricas "falharam em confirmar qualquer variação".

SANGUE DE SÃO LOURENÇO

Lourenço (225-258) era um diácono do papa Sisto II (m. 258) e foi martirizado poucos dias depois do pontífice, no ano 258. O papa foi decapitado quando a polícia, durante a perseguição aos cristãos do reino do imperador Valeriano (200-260), interrompeu uma missa que era celebrada em segredo num cemitério.[11] Já Lourenço, diz a lenda, sofreu um fim mais demorado e doloroso: foi assado sobre uma grelha. Essa tradição, no entanto, não é considerada fato histórico.[12]

Um frasco, supostamente contendo sangue de São Lourenço e um pedaço do carvão da grelha do martírio, é venerado como relíquia na igreja de Santa Maria, da cidade italiana de Amaseno. O conteúdo do frasco é formado por três camadas:[13] a inferior se mantém permanentemente sólida e nela se encontra o pedaço de matéria escura tido como o carvão da tortura romana; a camada central é a que se liquefaz,

11 Walsh, 2015, p.100.

12 Farmer, 2011, p.263.

13 Garlaschelli, 1998.

assumindo a cor vermelho-rubi e fluindo livremente no frasco; a camada superior às vezes se liquefaz parcialmente.

Em 1996, Luigi Garlaschelli foi autorizado a realizar uma série de testes na relíquia, para um documentário da televisão estatal italiana RAI 2. Garlaschelli pôde centrifugar a ampola, pesá-la, resfriá-la e aquecê-la. Os experimentos mostraram que, uma vez resfriada em banho de água e gelo, a relíquia assumia consistência sólida e cor castanha. Reaquecida até a temperatura ambiente – 30° C –, retornava à fase líquida, com seu vermelho brilhante. O pesquisador concluiu, com base no comportamento e na aparência da mistura, que "a relíquia consiste em gordura ou cera ou em uma mistura de ambas, possivelmente contendo corante vermelho solúvel em óleo".[14]

O pesquisador menciona que a descrição original da peça, de 1177, fala em "gordura do mártir São Lourenço". A liquefação foi observada pela primeira vez no século XVII, quando a relíquia passou a ser conhecida como "gordura e sangue" e, com o passar dos séculos, tornou-se apenas "sangue". Garlaschelli levanta a possibilidade de a relíquia original ter sido substituída pela atual, com suas propriedades "milagrosas".

14 *Ibidem*, p.417.

8
APARIÇÕES DE MARIA

Aparições de Maria, mãe de Jesus, a fiéis católicos – individualmente ou em grupos – são um fenômeno mais comum do que se imagina. De acordo com estatísticas apresentadas pelo International Marian Research Institute (Instituto Internacional de Pesquisa Mariana), da Universidade de Dayton, nos Estados Unidos, há pelo menos 2.100 aparições constando de relatos escritos entre os séculos IV e XVII, com pico pronunciado de ocorrências no século XIII. No século XX, ainda de acordo com o instituto, houve 386 aparições; no século XXI, até agora, catorze (ou dezessete, se incluirmos o ano 2000 no novo século).

Trabalho realizado pela francesa Sylvie Barnay para sua tese de doutorado de 1997 avaliou 2.460 textos sobre o assunto e indicou que a primeira aparição registrada na história data do século III.[1] O primeiro visionário brindado com uma visita de Maria foi São Gregório Taumaturgo (213-270), bispo de Neocesareia, hoje Niksar, uma cidade turca próxima ao Mar Negro, que na época de Gregório era parte do Império Romano.

1 Cf. "Apparitions Statistics, Early" (in International Marian Research Institute).

A tradição atribui diversos milagres ao santo – "taumaturgo" significa "milagreiro" –, incluindo a alteração do curso de um rio e o deslocamento de uma montanha; mas, como reconhece o *Oxford Dictionary of Saints*,[2] relatos desse tipo "nunca ficam menores quando são repetidos".

As dificuldades que o bispo Gregório enfrentou, no entanto, foram muito reais, incluindo a perseguição aos cristãos lançada pelo imperador Décio, a invasão dos bárbaros godos e a peste negra. Durante a perseguição romana, Gregório aconselhou os cristãos de Neocesareia a fugirem da cidade em vez de encarar o martírio ou abandonarem a religião. O bispo deu exemplo, refugiando-se no deserto.

A visão de Maria – acompanhada, no caso, pelo apóstolo João – teria ocorrido durante o retiro realizado por Gregório antes de ser consagrado bispo.[3] Nesse caso, no entanto, a visão de João parece ter sido mais importante, já que o apóstolo teria ensinado a ele uma oração de profissão de fé, ou credo, do cristianismo.

O número de relatos de aparições marianas oscila bastante com o tempo, mas mostra alguma relação com a cultura de cada época. Os maiores números de relatos são dos séculos XIII e XIV – com 772 e 612, respectivamente. O mesmo período conteve uma série de cruzadas, além das invasões mongóis da Europa. Foi nele que surgiu o Sudário de Turim. A Inquisição foi criada pelo Vaticano em 1231, e o uso da tortura para obter confissões foi sancionado pelo papa Inocêncio IV, em 1252.[4]

Já no século XV – marcado pelo Renascimento, pela Reforma Protestante e pela descoberta das Américas – o número de relatos de visões de Maria cai abruptamente, a 315, redução de praticamente 50% em relação aos cem anos anteriores. E a queda continua, com apenas 76 registros no século XVI – incluindo o da Virgem de Guadalupe, no México – e 26 no século XVII.

O grande número registrado no século XX, com quase quatrocentas aparições anotadas, pode refletir tanto os efeitos dos meios de comunicação de massa, que torna mais simples a propagação de notícias sobre eventos extraordinários, quanto a intensificação de um novo fenômeno que passou a ser visto a partir da Reforma e da Contrarreforma.

---

2 Farmer, 2011, p.200.

3 *Catholic Encyclopedia*.

4 Loyn, 1990.

De acordo com o teólogo francês e estudioso mariano René Laurentin,[5] é apenas no século XVI que surgem as aparições no sentido em que as entendemos hoje – eventos de caráter público e com o objetivo de solicitar orações e construção de igrejas, de "reanimar a fé" e de "superar as crises mundiais".

Nesse aspecto, o fenômeno da aparição mariana parece ter algo em comum com o fenômeno óvni, na medida em que ambos apresentam um forte componente psicológico e social. Não só as manifestações, em ambos os casos, tendem a se intensificar em momentos históricos marcados por tensão e expectativa – como no caso, visto brevemente no capítulo 5, do culto de Sananda, que floresceu durante a Guerra Fria –, mas também por uma questão de adequação cultural.

Por exemplo: uma pessoa que vê um objeto estranho no céu ou que passa por uma experiência subjetiva incomum tenderá a interpretar o ocorrido de acordo com o vocabulário que lhe é mais próximo. Na Idade Média, seria muito provavelmente o da religião. Nos tempos atuais, pode ser o dos espetáculos hollywoodianos de ficção científica.

Assim como o fenômeno óvni, cada aparição de Maria representa um caso particular, e é improvável que uma só explicação – enxaqueca, epilepsia, dissonância cognitiva, ilusões, alucinações, fantasia, fraude – possa dar conta de todos os eventos, ou mesmo da maioria deles. Mas se pode dizer que, no geral, as visitações da mãe de Jesus são, como os encontros com alienígenas, "um problema psicológico-social, e não material ou físico".[6]

Em mais um sinal dessa curiosa convergência, há casos – como o "milagre do Sol", que marcou o auge das aparições em Fátima – nos quais uma suposta explicação ufológica chega a competir, em alguns círculos, com a interpretação religiosa.[7]

Dos quase quatrocentos casos registrados no século XX, a Igreja Católica não chegou a uma decisão sobre o caráter sobrenatural em pouco menos de trezentas das ocorrências. Houve "decisão negativa" quanto à natureza milagrosa da aparição em aproximadamente oitenta, e foram consideradas "sobrenaturais" nove visitações: Fátima, em Portugal; Beauraing e Banneux, ambas na Bélgica; Akita, no Japão; Siracusa,

5 "Apparitions Statistics, Early" (in International Marian Research Institute).

6 Baker, 1994, p.239.

7 Spignesi; Birnes, 2019, p.224; Story, 2012, posição 6726 (edição Kindle).

na Itália; Zeitoun, no Egito; Manila, nas Filipinas; Betânia, na Venezuela e San Nicolás, na Argentina. Além dessas, uma dezena de outras foi declarada "digna de crença" pelos bispos católicos locais, ainda que sem decisão quanto ao seu caráter sobrenatural. Das dezessete registradas desde 2000, duas foram consideradas falsas, outras duas foram reconhecidas pela Igreja Ortodoxa Copta e as demais seguem aguardando decisão.[8,9]

Aparições marianas normalmente são investigadas pelo bispo da área onde o evento ocorreu. Os números podem variar com o tempo, à medida que a análise eclesiástica dos casos avança. Além de avaliar o caráter "sobrenatural" do evento, a manifestação final do bispo, quando há, classifica a aparição em uma de três categorias – sendo que a segunda é uma pré-condição para a terceira: "indigna de crença"; "não contradiz a fé"; e "digna de crença". Desse modo, uma suposta aparição que traga uma mensagem contrária ao dogma católico, por exemplo, fracassaria em chegar à segunda categoria e, portanto, jamais seria declarada "digna de crença". Essa estrutura evita o surgimento de paradoxos potencialmente embaraçosos, como uma "aparição legítima" de Maria que declarasse nula a autoridade do papa ou se pronunciasse a favor da contracepção.

Um exemplo: no início de dezembro de 2010, David L. Ricken, bispo da cidade de Green Bay, nos Estados Unidos, declarou "digna de crença" uma série de três aparições de Maria ocorrida em 1859. A visionária foi Adele Brise (1831-1896), de 28 anos. Essa foi a primeira aparição referendada por autoridades católicas na história dos Estados Unidos.

GUADALUPE

Embora não tenha culto extenso no Brasil, a suposta aparição de Maria a um asteca em 1531 merece destaque, por ter representado a primeira aparição da Virgem nas Américas e dado origem a um dos santuários católicos mais visitados – se não o mais visitado – do mundo, o de Guadalupe, no México. E também por ter produzido um vestígio aparentemente milagroso e passível de investigação, o suposto autorretrato de Maria conhecido como a imagem de Guadalupe.

---

8 "Apparitions Statistics, Modern" (in International Marian Research Institute).

9 "A Marian apparition has been approved in Argentina", 2016.

De acordo com o chamado Evangelho de Guadalupe – um texto na língua asteca nahuatl, cujo título original é *Nican Mopohua* (Aqui se relata), datado da segunda metade do século XVI, no ano de 1531 –, Maria decidiu revelar-se, sob a forma de uma jovem que irradiava luz, a Juan Diego, um camponês asteca recém-convertido ao cristianismo. Ao passar por uma colina chamada Tapeyac, a caminho da missa, Diego foi abordado pela figura, que lhe ordenou que pedisse ao bispo do México a construção, naquele lugar, de um templo mariano.

Depois de tentar convencer o bispo sem sucesso, Diego voltou a passar por Tapeyac, quando Maria orientou o asteca a tirar o manto que vestia e enchê-lo de flores, que ele deveria, então, levar ao prelado. Quando, diante do bispo, o camponês desfez o embrulho e as flores caíram no chão, um retrato de Maria apareceu, miraculosamente estampado na peça de roupa, convencendo o sacerdote da veracidade do relato de Diego.

Para o investigador Joe Nickell,[10] a lenda de Juan Diego tem todos os sinais de ser exatamente isso, uma lenda. Um motivo mítico clássico – o homem culto, arrogante e poderoso que é levado a dar o braço a torcer diante da evidência fornecida por um sujeito pobre e humilde – salta aos olhos mesmo nessa versão resumida do conto.

O nome Guadalupe remete a um rio na Espanha onde, de acordo com o folclore europeu, um pastor descobriu uma imagem de Maria. A correspondência levanta a possibilidade de a aventura mexicana representar uma mera transposição, com acréscimos, do conto tradicional espanhol.

Além disso, o *Nican Mopohua* não é citado na investigação da imagem de Guadalupe feita em 1556. Isso sugere que o texto é posterior aos eventos que pretende esclarecer, posterior até mesmo à investigação original do caso, e que o relato talvez não passe de um mito criado para explicar e embelezar a origem do retrato venerado.

Também há sinais de disputa religiosa – se não de sincretismo – na raiz da história: o local onde foi erguido o santuário para abrigar a imagem de Maria fica em frente a uma área dedicada à deusa virgem dos astecas, Tonantzin, "mãe da Terra e do Milho".[11]

---

10 "Celestial Painting – Miraculous Image of Guadalupe" (in Nickell, 1988, p.103-17).

11 Nickell, 1998a, p.32.

Dado o histórico católico de assimilação e cristianização de festas e cultos nativos – como a associação entre a deusa celta da bravura e da coragem, Brig, e Santa Brígida da Irlanda –, a hipótese de um aliciamento do culto asteca pelo de Maria tem alguma plausibilidade, que aumenta quando se nota que em toda a saga da origem da imagem milagrosa de Guadalupe, Deus e Jesus não são mencionados. Maria surge de forma autônoma, quase como uma deusa por direito próprio. Quanto à imagem em si, ela se insere na tradição de uma série de ícones religiosos designados pela expressão grega *acheiropoietoi*, isto é, "feitos não por mãos humanas".

Nickell lembra que essa é uma tradição repleta de fraudes, como o Sudário de Turim ou a Imagem de Edessa, também chamada de Verônica (do latim "vera" e "icon", ou "verdadeira imagem"), um lenço ou véu no qual Jesus teria enxugado o rosto durante a Via Dolorosa, deixando impresso um retrato de sua face.

A imagem de Guadalupe apresenta ainda uma série de convenções comuns da arte sacra, como o manto de 46 estrelas – representando o número de anos necessários para a construção do templo de Jerusalém; lua e raios dourados tradicionalmente associados à Virgem; flores-de-lis[12] etc.

Defensores do caráter transcendental da imagem sustentam que essas decorações artísticas foram aplicadas sobre o *acheiropoietos* original. O que deixa em aberta a questão tanto de quem poderia cometer o sacrilégio de retocar um autorretrato milagroso de Maria, quanto de quando o retoque teria sido feito, já que as cópias mais antigas conhecidas da imagem já apresentam todos esses detalhes.

BRASIL

Quando saiu a primeira edição deste livro, em 2011, não havia aparições marianas de caráter "milagroso" relevantes entre nós. A imagem de Aparecida, principal foco de devoção à mãe de Jesus no país, não tem uma história mágica de origem comparável à de Guadalupe, por exemplo; e, embora o Brasil conte com sete entradas na lista de visões marianas da Universidade de Dayton, nenhuma até agora foi considerada autêntica pela Igreja, nem parece ter grande relevância política e social.

---

12 *Ibidem*, p.32.

Esse cenário, porém, pode estar prestes a mudar. Lançado em 2016, o livro *Eu sou a Graça*,[13] do monge beneditino Dom Rafael Maria Francisco da Silva, busca chamar atenção para uma série obscura de aparições de Maria em Pernambuco, entre os anos de 1936 e 1937. Ela é tão obscura, de fato, que sequer é mencionada no catálogo de Dayton.

Mas resgatar e atribuir novos significados a aparições marianas perdidas do passado não é incomum, ainda mais em tempos de disputa ideológica e de tensão política: como veremos nos próximos capítulos, a narrativa em torno dos eventos de Fátima, por exemplo, veio a tomou a forma presente, com ênfase nos "três segredos", décadas depois das aparições de 1917, quando a publicação da Terceira Memória da vidente Lúcia dos Santos (1907-2005), em 1941, permitiu uma reinterpretação das aparições como um alerta anticomunista. "Autoridades católico-romanas da Europa encontraram, na Virgem de Fátima, uma fonte importante para conter a disseminação do comunismo", escreve a antropóloga Sandra Zimdars-Swartz em seu livro *Encountering Mary* ("Encontrando Maria").[14]

A história do fenômeno pernambucano, tal como narrada em *Eu sou a Graça*, parece saída do roteiro de algum filme perdido do Cinema Novo: as videntes são duas meninas adolescentes, uma branca e uma negra; o padre que as defende dos céticos e da hierarquia eclesiástica truculenta, José Kehrle (1891-1978), é um imigrante alemão e o confessor favorito do cangaceiro Virgulino Ferreira da Silva (1898-1938), o temido Lampião; a mãe de uma das meninas dá à luz e depois perde o filho recém-nascido, durante o pânico e o caos causados por um assalto de cangaceiros à região em que vivia a família. De fato, a primeira aparição ocorre quando uma das meninas questiona, após a morte trágica do bebê, quem poderá protegê-las de Lampião, pergunta retórica prontamente respondida pelo surgimento da imagem luminosa de Maria.

Exceto pelos detalhes de cor local, no entanto, as ocorrências no Sítio Guarda, em Pernambuco, em tudo seguem a estrutura apontada por Zimdars-Swartz para o "novo tipo" de aparição mariana inaugurado em La Salette, na França, nos anos 1840, que depois se consolidaria em Lourdes e Fátima e seria seguido, como uma espécie de gabarito, por inúmeros outros eventos ao longo da segunda metade do século XIX e por todo o século XX.

---

13 Silva, 2016.

14 Zimdars-Swartz, 1991, p.90.

Nesse gabarito, a figura de Maria se manifesta como aparição – isto é, como objeto integrado ao ambiente – e não como visão, como algo que surge durante o estado alterado de consciência, num êxtase místico ou num sonho; os principais videntes são crianças ou adolescentes, preferencialmente do sexo feminino (e não padres, monges, santos); a aparição se dá num espaço aberto, não em uma cela ou em um quarto, ou dentro de uma igreja, num claustro; o fenômeno é serial (as aparições se repetem ao longo de vários dias); e é público, pois, à medida que os episódios se repetem, mais e mais pessoas se juntam em torno dos videntes e, por meio deles, tomam conhecimento das mensagens da santa.

Aqui, aliás, há um detalhe importante, que às vezes é minimizado: em todos os relatos-padrão de aparições marianas, de La Salette a Fátima (e em Pernambuco, também), só quem vê e ouve a figura sobrenatural são os videntes eleitos – geralmente crianças e, quase sempre, liderados por alguém do sexo feminino. As multidões ao redor apenas olham para o vazio e esperam que os escolhidos narrem o que a imagem faz e reportem o que diz. Desse um ponto de vista, acreditar numa aparição equivale a acreditar no que uma criança relata a respeito de gestos e palavras de uma amiga imaginária.

Às vezes, alguma evidência auxiliar é citada, como curas ou profecias, mas quase nunca são tão sólidas quanto os apologistas querem fazer crer. As mais impressionantes das profecias de Fátima – por exemplo, a de que a Rússia viria a ser uma ameaça à paz mundial – embora supostamente tenham sido feitas em 1917, só foram publicadas décadas depois, quando os eventos "previstos" já tinham se consumado.

No caso do Sítio Guarda, em *Eu sou a Graça* são apresentadas transcrições de conversas em que as meninas videntes reproduzem, em português, as respostas dadas pela aparição a questões formuladas por padres em latim, alemão e italiano. O autor parece convencido de que essas respostas, consideradas por ele geralmente corretas, permitem excluir, por completo, a possibilidade de fraude.

Há várias coisas a ponderar: a primeira é que 'verdade/fraude" representa uma falsa dicotomia. As aparições podem ao mesmo tempo não serem "verdadeiras" (isto é, não serem de fato comunicações factuais do fantasma de uma jovem judia de 2000 anos que teve um filho chamado Jesus) e também não serem "fraudes" (falsidades deliberadas). Calvin, afinal, não está exatamente mentindo quando descreve o comportamento de Haroldo para os pais.

A segunda é que há bastante latitude para questionar o tal caráter "correto" das respostas. Além de algumas delas serem objetivamente erradas, há vários momentos em que a aparição simplesmente parece distribuir vários "sim" e "não", silêncios enigmáticos e gestos ambíguos ao acaso, o que requer alguma caridade interpretativa (e um certo contorcionismo teológico) para que se possa considerá-las "corretas".

Não custa nada lembrar que as pessoas que consultam cartomantes e astrólogos, por exemplo, consistentemente declaram ter recebido muito mais informação objetiva e precisa do que o "sensitivo" forneceu de verdade. A mente do ouvinte, de modo muitas vezes inconsciente, preenche lacunas, atribui significados, condensa tergiversações e, o que é crucial, reinterpreta erros e ambiguidades como acertos.

Um terceiro ponto é que é muito comum nesse tipo de relato subestimar a inteligência dos videntes. É compreensível: quando se pretende demonstrar que alguém fala por inspiração divina ou sobrenatural, convém reduzir ao máximo as expectativas quanto a uma possível inspiração mundana ou natural.

Mas, vivendo num meio católico onde havia vários padres imigrantes e missas eram sempre rezadas em latim, não seria surpreendente se Maria da Luz (1922-2013), que viria a adotar o nome de Irmã Adélia ao tornar-se freira, a mais articulada das duas videntes, compreendesse, ainda que de forma intuitiva, vaga e fragmentária, alguns vocábulos e expressões estrangeiros. Se somarmos a essa explicação o caráter aleatório das respostas e a linguagem corporal da freira e a expressão facial dos padres interrogadores, os supostos diálogos tornam-se menos "inexplicáveis".

No geral, as respostas, tal como filtradas pelos clérigos, parecem ratificar o que o padre José Kehrle e seu companheiro na defesa da crença na aparição, o frade Estêvão Roettger, esperavam ouvir, incluindo a confirmação, pela "santa", do caráter milagroso dos fenômenos em torno da mística alemã Therese Neumann (1898-1962). Outros padres e o bispo local, no entanto, não foram persuadidos.

Um ponto levantado por Zimdars-Swartz[15] em seu estudo é o de que aparições marianas tendem a crescer – no sentido de se tornarem foco de devoção ampla, para além da comunidade original de videntes, ou mesmo ganhar importância internacional – quando algum grupo político

15 Zimdars-Swartz, 1991.

vê a oportunidade de "sequestrá-las" para sua causa. Aparições podem ser motores eficientes para converter energia religiosa em torque político.

Em seu livro, a antropóloga cita, entre outros casos, o do entusiasmo inicial dos monarquistas franceses pelos videntes de La Salette ou o da mensagem de Fátima no contexto de Guerra Fria, cujos "segredos" de tom apocalíptico ganharam importância e reverberação. Zimdars-Swartz dá ainda especial destaque ao caso de uma aparição ocorrida na Itália, a de San Damiano, na época do Concílio Vaticano II, que se tornou foco de devoção de grupos de católicos ultraconservadores, principalmente de fiéis ligados ao arcebispo franco-suíço (cismático, depois excomungado) Marcel Lefebvre (1905-1991). Talvez, não por coincidência, a aparição de San Damiano foi considerada indigna de fé pela diocese local.

O que nos traz à mensagem imputada à aparição pernambucana: ela está carregada de uma preocupação quase obsessiva com o comunismo. "O comunismo virá ao Brasil?", pergunta o padre Kehrle. "Sim", responde a santa, por intermédio das meninas, ominosamente: no contexto histórico-cultural das aparições, essa era uma péssima notícia. E não só virá, acrescenta ela, como virá com derramamento de sangue e perseguição aos católicos. Mas, no fim, o Brasil será salvo, promete a aparição, pela força de orações de penitência.

Medo do "comunismo ateu" estava bem contextualizado no espírito católico latino-americano da época: não só o Brasil vivera a Intentona de 1935, como também na Espanha da Guerra Civil, a Igreja Católica se via como vítima de uma perseguição anticlerical por parte do governo republicano, apoiado pelos socialistas e pela União Soviética. Desse modo, a aparição estava ligada às preocupações da ala mais conservadora do catolicismo do Brasil de seu tempo. Questão: ela está ligada às preocupações dos católicos conservadores do Brasil do nosso tempo? Em outras palavras, por que o interesse nesse episódio obscuro, já quase esquecido, da história da religiosidade popular vem sendo retomado nos últimos anos? Em 2018, a mesma editora responsável por publicar *Eu sou a Graça* voltou à carga, com o volume *O diário do silêncio*, tendo como subtítulo "O alerta da Virgem Maria contra o comunismo no Brasil".[16] Nos próximos capítulos, vamos olhar detidamente para as duas aparições marianas mais famosas, que ajudarão a pôr o caso brasileiro em perspectiva: Lourdes e Fátima.

---

16 Lira, 2018.

9
O FENÔMENO DE LOURDES

A França do século XIX foi território fértil para as visitas de Maria. Existem três aparições referendadas pela Igreja Católica no país daquele período: em Paris, em 1830; em La Salette, 1846; e a mais famosa de todas, em Lourdes, em 1858.

No caso de Lourdes, após a aparição inicial para Bernardette Soubirous (1844-1879), o fenômeno atingiu proporções epidêmicas, com cerca de cinquenta outros visionários alegando contato com a mãe de Jesus na região.[1] Apenas a visão original de Bernardette, no entanto, é considerada legítima pelo Vaticano atualmente, embora muitos outros visionários tenham sido levados a sério na época dos eventos, "o que levanta o problema de estabelecer os critérios de veracidade quando não há corroboração objetiva de experiências subjetivas".[2]

Bernardette, então com 13 anos, teve dezoito encontros com Maria, começando em fevereiro. Os demais visionários começaram a vir a público após a décima-sétima visão da jovem. Entre eles havia muitas crianças, mas também uma costureira, uma prostituta e uma empregada

1 Evans; Bartholomew, 2009, p.324.

2 *Ibidem*, p.324

doméstica, Marie Courrech, que teria feito duas previsões sob a inspiração de Maria, ambas posteriormente confirmadas, incluindo a recuperação da saúde de uma criança doente.[3]

Na época dessas aparições, a França, sob Napoleão III (1808-1873), estava ideologicamente dividida entre uma facção republicana, secular e anticlerical, e um grupo monarquista, conservador e católico, um quadro não muito diferente do encontrado em Portugal durante os eventos de Fátima, décadas mais tarde.

Era também uma época em que o prestígio intelectual da religião estava em xeque, abalado por aquilo que alguns historiadores chamam de "crise de factualidade"[4] de meados do século XIX: enquanto a ciência produzia "fatos" – incluindo maravilhas como o voo de balão ou a eletricidade – e mostrava que o ser humano havia evoluído de outras espécies de animal, a religião parecia estranhamente silenciosa e impotente. Em países como França e Portugal, onde a aliança da Igreja Católica com o poder constituído era fortíssima, a intelectualidade progressista mostrava-se cada vez mais inclinada ao anticlericalismo e ao ateísmo.

Em reação a essa crise, prodígios de natureza religiosa, ou ao menos espiritual, não tardaram a se fazer produzir: as aparições de Lourdes são quase simultâneas à publicação, em 1857, da primeira edição de *O livro dos espíritos*, de Allan Kardec (1804-1869).

A região de Lourdes, em particular, apresentava um folclore rico em criaturas e fenômenos sobrenaturais, incluindo fadas, demônios e manifestações mágicas. "Os visionários tinham sido criados numa cultura em que folclore e religião se misturavam, e na qual a aparição a Bernardette seria facilmente aceita."[5]

O folclore envolvendo fadas pode ajudar a entender a descrição inicial que Bernardette deu de sua visão, a de uma criança vestida de branco – algo bem distante da imagem tradicional de Maria. A primeira aparição ocorreu em 11 de fevereiro, quando a visionária e duas outras meninas coletavam lenha. Apenas Bernardette ouviu e viu a "forma branca" na gruta que viria a ser o foco das peregrinações a Lourdes. No domingo seguinte, Bernardette retornou à gruta com um séquito de meninas e novamente apenas ela viu a figura, enquanto o grupo rezava o rosário.

---

3 *Ibidem*, p.327

4 Monroe, 2008, p.3.

5 Evans; Bartholomew, *op. cit.*, p.325.

Na terceira visita, em 18 de fevereiro, a visionária foi instruída a retornar à gruta todos os dias, durante quinze dias, no que ficou conhecido como a "quinzena sagrada" de Lourdes.

Nesse período, suas visitas à gruta passaram a ser acompanhadas por multidões. No fim de fevereiro, teve início o rumor de que as águas de um riacho junto da gruta tinham poderes milagrosos de cura, depois de Bernardette anunciar que havia sido instruída a beber dali. No início de março, uma multidão estimada em 1.600 pessoas ouviu a jovem anunciar que um santuário deveria ser construído no local.

No último dia da quinzena, 4 de março, uma multidão estimada, no mínimo, de cinco mil a, no máximo, vinte mil pessoas se aglomerou em torno da gruta. Segundo um jornalista presente ao evento, quando Bernardette finalmente apareceu, a massa humana começou a gritar: "Lá está a santa! Lá está a santa!"[6] Em 25 de março, a figura branca por fim identificou-se, afirmando: "Eu sou a Imaculada Concepção". O dogma da imaculada concepção – segundo o qual Maria foi concebida livre do pecado original – havia sido adotado pelo Vaticano em 1854.

Estudiosos que acreditam que Bernardette fingia ouvir e falar com a suposta aparição, desfrutando da fama, da atenção e do *status* que a condição de visionária lhe concedia, geralmente põem essa declaração entre suas evidências. Afinal, "imaculada concepção" não constitui exatamente um título honorífico ou um nome próprio. Maria identificar-se com essa expressão, diz o argumento, faria tanto sentido quanto alguém dizer "Eu sou o parto normal" ou "Eu sou a cesariana". Já uma adolescente que tivesse ouvido falar do dogma, mas não o compreendesse, poderia, compreensivelmente, cometer o erro.

Dúvidas quanto à honestidade de Bernardette antecedem o aparente lapso lógico-gramatical da aparição. Já em fevereiro, o padre da paróquia, Dominique Peyramale (1811-1877), considerava que a menina era autora de uma "fraude ultrajante"[7] e a chamava de mentirosa.[8]

Se as visões realmente não eram nada além do esforço de uma adolescente pobre e doente – ela sofria de asma e depois contraiu tuberculose, morrendo aos 35 anos de idade – para chamar atenção e tornar-se popular, os resultados foram extremamente positivos. Além de conquistar a

---

6 Zimdars-Swartz, 1991, p.52.

7 Nickell, 1998a, p.147.

8 Zimdars-Swartz, 1991, p.51.

adoração das multidões em Lourdes, Bernardette Soubirous tornou-se de fato uma santa para a Igreja Católica. Sua canonização foi aprovada em 1933.

AS CURAS DE LOURDES

O Santuário de Lourdes é ainda hoje um dos principais centros de peregrinação católica do mundo. O papa João Paulo II visitou o local pouco antes de sua morte e, em 2008, a mídia internacional noticiou que o papa Bento XVI havia bebido das águas da fonte de Lourdes. Essas águas, como já foi notado, não ajudaram a saúde de Santa Bernardette. A questão das curas milagrosas é especialmente delicada em Lourdes, já que o santuário é alvo constante de escrutínio por parte de investigadores céticos.

O filósofo belga Etienne Vermeersch, por exemplo, chegou a cunhar a expressão "efeito Lourdes" para se referir ao fato de que supostos poderes divinos ou sobrenaturais aparentemente relutam em produzir provas claras de sua atuação. Por que, por exemplo, há curas de câncer atribuídas a milagres – sendo que o câncer é uma doença em que casos de remissão são conhecidos – e membros amputados ou perdidos em acidentes nunca crescem de volta?

Nesse aspecto, o belga repete a observação feita por um amigo do escritor Anatole France (1844-1924), que visitou Lourdes no fim do século XIX e, ao ver as pilhas de muletas e bengalas abandonadas, comentou com o futuro ganhador do Nobel de Literatura (prêmio que France recebeu em 1921): "Uma perna de pau teria sido mais convincente".[9]

Vermeersch também estima que muito mais pessoas já devem ter morrido em acidentes sofridos a caminho de Lourdes do que o total de vidas supostamente salvas por milagres operados ali. Em 1884, foi criado o Bureau Médico de Lourdes e, em 1947, foi estabelecido o Comitê Médico Internacional de Lourdes, para analisar supostas curas operadas no santuário.

Há um total estimado em duzentos milhões de peregrinos que visitaram Lourdes desde 1860,[10] cerca de dois milhões de doentes em busca de milagre. Existem ainda cerca de sete mil curas alegadas no local, das

---

9 France, 2007, p.112.

10 Gray, [s.d.].

quais o Vaticano reconhece como milagrosas setenta delas, isto é, cerca de 1%. A proporção de curas reconhecidas em relação à de peregrinos doentes, nos últimos 150 anos, é de 0,0035%. O milagre mais recente, a cura de uma freira que visitou o santuário em 2008, foi ratificado em 2018.[11] A velocidade da ratificação chama a atenção: uma década atrás, o milagre mais recente reconhecido datava de 1952, e só havia sido ratificado em 2005. Entre 1978 e 2005, apenas quatro milagres haviam sido referendados. Só na década passada, foram três (2012, 2013, 2018).

Mesmo as curas reconhecidas são duvidosas. Em 1957, o psiquiatra britânico Donald J. West (1924-2020) analisou uma série de milagres de Lourdes e concluiu que nenhum deles merecia ser considerado inexplicável e boa parte das curas poderia ser atribuída aos benefícios emocionais e psicológicos da peregrinação.

Uma análise independente de casos certificados como milagrosos mostra que as avaliações médicas "deixam muito a desejar", nas palavras do professor de neurologia norte-americano Terence Hines.[12] Ele cita como exemplo o caso de Serge Perrin, o sexagésimo-quarto milagre certificado, reconhecido oficialmente em 1978. De acordo com Hines, especialistas nos Estados Unidos não só discordaram do diagnóstico original de Perrin – hemiplegia recorrente do lado direito, com lesões oculares, causada por desordens da artéria carótida –, mas também puseram em dúvida se haveria, afinal, alguma doença de causa orgânica.

Em 2006, o então bispo de Tarbes e Lourdes, Jacques Perrier, anunciou novo procedimento para a aprovação de milagres no santuário.[13] As alegações de curas milagrosas examinadas pelo comitê internacional passam agora por uma série de estágios de análise, em que cada recuperação começa como "declarada" e depois pode ser promovida – ou não – a "inesperada" e, por fim, "confirmada".

Nesse ponto, o comitê elabora um parecer para o bispo, afirmando que, de acordo com o conhecimento científico atual, a cura teve "caráter excepcional". Essa é a garantia de que o comitê médico considera que os critérios tradicionais para reconhecimento de um milagre – recuperação completa, duradoura e repentina de uma doença grave que é incurável ou de prognóstico negativo – foram satisfeitos.

---

11 "Miraculous healings", [s.d.].

12 Hines, 2003, p.348.

13 "Recognition of a miracle", [s.d.].

10
APARIÇÕES E SEGREDOS EM FÁTIMA

As aparições em Lourdes discutidas no capítulo anterior ocorreram num momento francês de tensão ideológica entre república e monarquia e movimentos religiosos e anticlericais. Em Portugal, as aparições acontecidas em Fátima se deram num período em que o país passava por uma crise semelhante – mas muito mais dramática.

A primeira aparição de Maria a três crianças ocorreu em 13 de maio de 1917. Portugal havia entrado na Primeira Guerra Mundial no ano anterior. Um dos irmãos dos irmãos da visionária Lúcia dos Santos (1907-2005) estava em idade elegível para o serviço militar e poderia ser despachado a qualquer momento para França para lutar ao lado dos Aliados. O temor de perder o filho pesava sobre a família, prejudicando a saúde da mãe.

Em 1908, o rei Carlos I (1863-1908) e seu filho mais velho, Luís Filipe (1887-1908), haviam sido assassinados a tiros quando percorriam as ruas de Lisboa numa carruagem aberta. Dois anos depois, em 1910, uma revolução levou à abolição da monarquia e ao estabelecimento da República. A situação deixou o país dividido entre "uma direita autoritária, apoiada pela Igreja Católica, e uma República que se queria progressista, mas que na verdade era ineficiente e corrupta".[1] Diversos comentaristas chamam atenção para o fato de que a declaração da autenticidade do fenômeno de Fátima atendia, na época, a interesses políticos muito específicos.

Ao todo, foram relatadas seis aparições da mãe de Jesus a três crianças: Lúcia, de 10 anos; Francisco (1908-1919), de 9; e Jacinta (1910-1920), de 7. No primeiro episódio, as duas meninas e Francisco estavam cuidando de um rebanho em terras da família de Lúcia quando viram surgir uma mulher radiante, mais brilhante que o Sol. Apenas Lúcia falou com a aparição,[2] que pediu aos três que retornassem ao local no dia 13 de cada mês, por seis meses.

Embora as crianças tenham jurado segredo, a aparição logo se tornou de conhecimento público. A família de Lúcia, especialmente, não deu crédito ao ocorrido. No primeiro volume de suas memórias, a visionária – que mais tarde se tornou freira e faleceu em 2005 – diz: "Minha mãe e minhas irmãs mantiveram a sua atitude de desprezo que, na verdade, me era mais sensível e me custava tanto como os insultos".[3]

Em junho, as crianças foram acompanhadas por algumas dezenas de curiosos. Em julho, havia milhares de fiéis, e a aparição prometeu às crianças que realizaria um milagre em outubro. Em todos os episódios, apenas Lúcia foi capaz de ver, ouvir e falar com Maria. Jacinta ouvia a santa, e Francisco apenas via aparição. Maria também manteve-se invisível para o público em geral, mas em julho algumas pessoas disseram ver uma nuvem elevar-se e folhas das árvores moverem-se, "como se a barra do vestido da Senhora estivesse subindo com ela".[4] Em setembro, algumas pessoas disseram testemunhar um estranho fenômeno óptico, um "globo de luz" correu de Leste para o Oeste e, então, desapareceu.

O principal evento, pelo qual os chamados "milagres de Fátima" são mais lembrados, é o milagre ou "dança" do Sol, no início da tarde de 13 de outubro de 1917. A multidão reunida para assistir ao milagre prometido pela aparição foi estimada entre cinquenta mil e cem mil pessoas.[5] O dia amanhecera chuvoso. Precisamente ao meio-dia, Lúcia apontou para o céu e exclamou: "Lá está ela!" As duas outras crianças também

---

1 Evans; Bartholomew, 2009, p.166.

2 Nickell, 2009.

3 *Apud* Kondor, 2007.

4 Nickell, 2009, p.14.

5 Evans; Bartholomew, *op. cit.*, p.167.

disseram ver a aparição. Como de costume, apenas Lúcia travou diálogo com Maria, que se identificou como "Nossa Senhora do Rosário", pediu que uma capela fosse construída no local e previu que a Primeira Guerra Mundial acabaria naquele mesmo dia,[6] fato que ocorreu apenas treze meses mais tarde. (A interpretação mais caridosa dessa profecia fracassada é a de que o fim da guerra dependia do arrependimento dos pecadores, e como isso não aconteceu, o conflito continuou. Como se esperava que houvesse arrependimento universal em menos de 24 horas não é explicado.)

Depois de Maria se retirar, Lúcia gritou: "Olhem para o Sol!" O que cada membro da multidão subjetivamente viu, ou acreditou ter visto ali e naquele momento, é uma questão que nunca terá resposta. "A narrativa das aparições, incluindo o fenômeno solar, é frequentemente contraditória. Tanto os visionários quanto os investigadores alteraram e enfeitaram seus relatos, tornando virtualmente impossível saber o que aconteceu."[7] Pessoas disseram ver o Sol dançar, girar e ameaçar cair sobre a Terra, emitindo raios de luz colorida. "O sol bailou ao meio-dia em Fátima", diz a manchete do jornal português *O Século*, de 15 de outubro de 1917, na seção intitulada de "Coisas Espantosas". Um professor de Ciências da Universidade de Coimbra, José de Proença de Almeida Garrett, oferece uma descrição mais detalhada do ocorrido:

> Eram quase duas horas. O sol momentos antes tinha rompido ovante, a densa camada de nuvens que o tivera escondido, para brilhar clara e intensamente [...] Não me pareceu bem a comparação, que ainda em Fátima ouvi fazer, de um disco de prata fosca. Era uma cor mais clara, activa e rica, e com cambiantes, tendo como que o oriente de uma pérola. [...] As nuvens que corriam ligeiras de poente para oriente não empanavam a luz (que não feria) do sol, dando a impressão facilmente compreensível e explicável de passar por detrás [...] Maravilhoso é que, durante longo tempo, se pudesse fixar o astro, labareda de luz e brasa de calor, sem uma dor nos olhos e sem um deslumbramento na retina que cegasse. Este fenómeno com duas breves interrupções em que o sol bravio arremessou os seus raios mais coruscantes e refulgentes, e que obrigaram a desviar o olhar, devia ter durado cerca de dez minutos.[8]

6 *Ibidem*.

7 *Ibidem*, p.166.

8 Garrett, 2017.

O fato de que nenhum observatório, em nenhuma outra parte do mundo, tenha registrado perturbações no Sol – mas que pessoas de localidades a alguns poucos quilômetros de distância tenham também comunicado fenômenos estranhos envolvendo o astro – indica que o que se passou em Fátima foi uma ocorrência atmosférica, não astronômica.

A interação entre Sol, chuva e nuvens pode provocar efeitos espantosos, dos quais o arco-íris é apenas o mais comum. Há alguns anos, saindo para o trabalho, ouvi pessoas apontando para cima na rua dizerem que "Marte está caindo na Terra" – quando olhei para cima, vi um grande halo em torno do Sol, provocado por partículas de gelo em suspensão na atmosfera. O conjunto halo-Sol dava bem a impressão de um enorme planeta translúcido prestes a desabar sobre minha cabeça.

Além do halo solar, outro fenômeno comumente citado entre os "suspeitos usuais" para o milagre de Fátima é o parélio, no qual cristais de gelo nas nuvens atuam como prismas, refratando a luz do Sol. Os efeitos ópticos que surgem daí podem variar de manchas coloridas suspensas no céu a "réplicas do Sol" – há imagens nas quais o Sol aparece ladeado por dois parélios, um à direita e outro à esquerda, dando a impressão de que existem três sóis no céu.

Em sua *Meteorologia*, o filósofo grego Aristóteles (384 AEC-322 AEC) nota que "falsos sóis são vistos sempre ao lado do Sol, nunca acima ou abaixo".[9]

O que resta de francamente espantoso na história de13 de outubro de 1917, em Fátima, é o *timing* do evento: a chuva parar e as nuvens fazerem o favor de refratar o Sol no momento exato. É preciso notar, no entanto, que o momento não foi realmente tão preciso: entre a suposta mensagem de Maria e a exclamação de Lúcia para que a multidão olhasse para o céu passaram-se duas horas. De resto, a multidão estava excitada e predisposta a considerar qualquer evento fora do comum como milagre. Não é exagero imaginar que, se o parélio não tivesse surgido, outro evento fortuito teria tomado seu lugar.

Embora os milagres de Fátima tenham sido reconhecidos como reais pelo Vaticano, Lúcia dos Santos, assim como Bernardette Soubirous – a visionária de Lourdes, também enfrentou acusações de impostura vindas de pessoas próximas. De acordo com as memórias da própria freira, algumas das mais graves vieram de sua mãe, Maria Rosa Santos, que insistiu

---

9 Aristóteles, [s.d.].

diversas vezes para que a menina confessasse que estava cometendo uma fraude. Mesmo o padre local mostrou-se cético: "Esta pobre gente [Lúcia escreve, recordando as palavras que a mãe lhe dirigia ao se referir aos peregrinos que acompanhavam as aparições] vem, com certeza, enganada pelas vossas intrujices; e realmente não sei o que fazer para os desenganar".[10] "Parece-me que não passa duma intrujona que traz meio mundo enganado"[11] diz Maria Rosa, em outra ocasião.

Lúcia dos Santos era uma criança carismática, com dom para contar histórias – fossem relatos bíblicos fossem contos de fadas. Ela era a caçula mimada de uma família de sete irmãos, cinco anos mais nova que o irmão imediatamente mais velho. "Suas irmãs alimentaram nela o desejo de ser o centro das atenções, ensinando-a a cantar e dançar. Nas festas, Lúcia ficava sobre um caixote, entretendo uma multidão que a adorava."[12]

OS SEGREDOS E PROFECIAS DE FÁTIMA

Além da "dança do Sol" e da previsão – prematura – do fim da Grande Guerra, as aparições de Fátima são muito lembradas também pela previsão (correta) de que Jacinta e Francisco morreriam em breve, e pelos três segredos confiados pela mãe de Jesus aos pequenos pastores. É difícil, no entanto, aceitar a previsão e os segredos como evidência de milagre.

Como escreve a pesquisadora americana especializada em filosofia da religião Sandra Zimdars-Swartz, em seu livro *Encountering Mary* (Encontrando Maria), muitas dessas informações só vieram a público anos depois de os fatos terem sido consumados. Por exemplo, a profecia da morte de Jacinta e Francisco – as duas crianças sucumbiram à gripe, o menino, em 1919, e a menina, em 1920 – parece bastante precisa, mas o primeiro registro conhecido da "previsão" é de 1927.[13]

Os famosos três segredos teriam sido revelados por Maria a Lúcia durante a aparição de 13 de julho. Os dois primeiros – os únicos divulgados publicamente antes de 2000 – são uma visão do inferno e a previsão

---

10 *Apud* Kondor, 2007, p.87.

11 *Ibidem.*

12 Joe Nickell, *op. cit.*, p.16.

13 *Ibidem.*

de que, se o mundo não parasse de ofender a Deus, uma nova guerra, pior que a Primeira Guerra, irromperia durante o pontificado de Pio XI (papa que reinou de 1922 a 1939).

Dado o fato de que a Segunda Guerra começou com a invasão da Polônia pela Alemanha em 1939, o segundo segredo parece irretocável. Mas Lúcia só registrou o segredo por escrito em 1941. O terceiro segredo, que foi mantido a sete chaves pelo Vaticano em seu arquivo secreto, a partir de 4 de abril de 1957, é tema de várias teorias conspiratórias. Dois papas, João XXIII (1881-1963) e Paulo VI (1897-1978), pediram a retirada do segredo dos arquivos, estudaram-no e decidiram devolvê-lo sem revelá-lo.

O papa João Paulo II examinou o segredo após sofrer o atentado que quase o matou, em 1981, e concluiu que o texto representava uma revelação simbólica relacionada ao ataque. O texto só foi finalmente divulgado, em junho de 2000, e com grande estardalhaço, pelo então cardeal Joseph Ratzinger, o papa emérito Bento XVI. No website do Vaticano é possível ler o texto original em português, um fac-símile da letra manuscrita de Lúcia, num papel datado de 1941. A seguir, a transcrição (preservada a grafia original):

> A terceira parte do segredo revelado a 13 de Julho de 1917 na Cova da Iria-Fátima.
>
> Escrevo em acto de obediência a Vós Deus meu, que mo mandais por meio de sua Ex.cia Rev.ma o Senhor Bispo de Leiria e da Vossa e minha Santíssima Mãe.
>
> Depois das duas partes que já expus, vimos ao lado esquerdo de Nossa Senhora um pouco mais alto um Anjo com uma espada de fôgo em a mão esquerda; ao centilar, despedia chamas que parecia iam encendiar o mundo; mas apagavam-se com o contacto do brilho que da mão direita expedia Nossa Senhora ao seu encontro: O Anjo apontando com a mão direita para a terra, com voz forte disse: Penitência, Penitência, Penitência! E vimos n'uma luz emensa que é Deus: "algo semelhante a como se vêem as pessoas n'um espelho quando lhe passam por diante" um Bispo vestido de Branco "tivemos o pressentimento de que era o Santo Padre". Varios outros Bispos, Sacerdotes, religiosos e religiosas subir uma escabrosa montanha, no cimo da qual estava uma grande Cruz de troncos toscos como se fôra de sobreiro com a

casca; o Santo Padre, antes de chegar aí, atravessou uma grande cidade meia em ruínas, e meio trémulo com andar vacilante, acabrunhado de dôr e pena, ia orando pelas almas dos cadáveres que encontrava pelo caminho; chegado ao cimo do monte, prostrado de juelhos aos pés da grande Cruz foi morto por um grupo de soldados que lhe dispararam varios tiros e setas, e assim mesmo foram morrendo uns trás outros os Bispos Sacerdotes, religiosos e religiosas e varias pessoas seculares, cavalheiros e senhoras de varias classes e posições. Sob os dois braços da Cruz estavam dois Anjos cada um com um regador de cristal em a mão, n'êles recolhiam o sangue dos Martires e com êle regavam as almas que se aproximavam de Deus.[14]

A interpretação do Vaticano é a de que o segredo faz referência, nas palavras do cardeal Angelo Sodano, "à luta dos sistemas ateus contra a Igreja e os cristãos"[15] e, mais especificamente, ao atentado sofrido por João Paulo II, em 13 de maio de 1981, perpetrado pelo turco Mehmet Ali Agca, na Praça de São Pedro.

Fatos como o de que o Papa não foi morto; de que não havia cidade em ruínas ou "escabrosa montanha" no momento do atentado; de que nenhum outro padre ou bispo foi ferido – embora dois fiéis leigos tenham sido baleados; e de que o Papa foi atingido por quatro tiros, mas certamente não por flechas, são postos de lado com a afirmação de que, ainda nas palavras o cardeal Sodano, "tal texto constitui uma visão profética comparável às da Sagrada Escritura, que não descrevem de forma fotográfica os detalhes dos acontecimentos futuros". Em vez disso, essas visões "sintetizam e condensam, sobre a mesma linha de fundo, fatos que se prolongam no tempo numa sucessão e duração não especificadas".[16]

Em resumo, as visões podem ser interpretadas como se desejar, de acordo com o contexto escolhido pelo intérprete, e atribuídas a eventos ocorridos no ponto da história que parecer mais adequado. Um holocausto nuclear seguido por uma invasão de zumbis, por exemplo, realizaria muito bem a previsão.

Da mesma forma que as profecias de Nostradamus (1503-1566), a visão do terceiro segredo só parece precisa após o evento – e poderia parecer precisa após uma enorme gama de eventos. Isso se dá por

---

14 Congregação para a Doutrina da Fé, 2000.

15 *Ibidem.*

16 *Ibidem.*

meio de um esforço de "encaixe retroativo", no qual as afirmações contidas na previsão são usadas não para antecipar o futuro – que é para o que a previsão deveria servir –, mas são vistas como símbolos de fatos já consumados.

Ainda assim, a interpretação requer grande contorcionismo intelectual, em que o único ponto de correspondência – o bispo de branco baleado – é exaltado e vários pontos de divergência são ou ignorados, ou declarados simbólicos. Com uma distinção, arbitrária e bastante seletiva, entre o que consiste "previsão simbólica" e o que representa "previsão factual".

11
PADRE PIO E SEUS ESTIGMAS

Estigmas são marcas que aparecem no corpo de alguns devotos cristãos, em imitação às chagas de Jesus. O primeiro portador de estigmas registrado na história foi São Francisco de Assis (1182-1226).

De acordo com o apologista católico Michael Freze,[1] até o fim do século XIX havia 321 estigmatistas considerados autênticos, enquanto o século XX pode ser considerado "a era do estigmatista", com mais de duas dezenas de casos registrados. Freze estima que cerca de 20% dos portadores de estigmas acabam sendo declarados santos pela Igreja Católica.

Dos estigmatistas do século passado, o mais popular com certeza foi italiano Francesco Forgione, ou Padre Pio, que viveu de 1887 a 1968. Canonizado em 2002 pelo papa João Paulo II, o padre teve seu corpo exibido ao público em 2008, em memória aos quarenta anos de sua morte e em celebração dos noventa anos da primeira aparição dos estigmas.

O cadáver não apresentava os estigmas que haviam tornado Pio famoso em vida, e o rosto estava coberto por uma máscara de silicone de

1 Freze, 1989, p.11.

fabricação britânica,[2] indicação de que, diferentemente do que às vezes supostamente ocorre com restos mortais de santos, o cadáver de Pio não estava incorrupto. Dezenas de milhares de fiéis visitaram o esquife de vidro, e ainda a cada ano milhões de devotos vão ao túmulo do padre.

De acordo com o esboço biográfico oferecido por Freze, Pio foi ordenado padre em 1910, mesmo ano em que apresentou pela primeira vez as dores dos estigmas, então invisíveis. Mesmo antes disso, no entanto, sua saúde era frágil: "febres altas, problemas intestinais, dores de cabeça excruciantes e ataques de asma atingiam-no continuamente".[3] É interessante notar que muitas dessas aflições – como dores de cabeça e problemas intestinais – são sensíveis a fenômenos de caráter psicológico.

Freze afirma ainda que durante décadas Pio foi "atacado, mental e fisicamente, pelo demônio e sofreu muitas tentações e ferimentos causados pelos espíritos das trevas durante toda sua vida".[4] Os estigmas visíveis apareceram pela primeira vez em 1918.

A história do padre, a partir desse momento, assume proporções quase mitológicas, com centenas de curas atribuídas a ele, além do poder de estar em mais de um lugar ao mesmo tempo – dom compartilhado, entre outros, com Santo Antônio de Pádua (1195-1231) e com o filósofo neopitagórico Apolônio de Tiana –, de prever o futuro e de exalar o aroma da santidade.

Essa é, ao menos, a versão oficial. O mágico canadense (naturalizado norte-americano) James Randi (1928-2020) – que colaborou com diversas investigações de supostos poderes paranormais – nota que, para garantir a autenticidade de um fenômeno, como a aparição milagrosa de estigmas, seria necessário estabelecer vigilância contínua, por 24 horas, do alegante, para excluir completamente a possibilidade de fraude. O que é praticamente inexequível. Já o investigador Joe Nickell compara os relatos de bilocação do padre a "avistamentos de Elvis Presley",[5] e lembra que alguns desses episódios ocorreram quando as testemunhas passavam por ataques de enxaqueca – que podem produzir alucinações, como já vimos – ou sonhavam.

---

2 Sugden, 2008.

3 Freze, *op. cit.*, p.283

4 *Ibidem.*

5 Nickell, 2008.

Um médico que examinou o padre em 1919 disse que as feridas "não podiam ser classificadas como normais" e descreveu os estigmas das mãos como cobertos por "uma membrana inflada de cor marrom avermelhada".[6] No entanto, nem todos os profissionais que analisaram os estigmas de Padre Pio ficaram tão maravilhados.

Em seu livro *Padre Pio: miracles and politics in a secular age* (Padre Pio: milagres e política numa era secular), o historiador italiano Sergio Luzzatto relata como o patologista da Universidade de Roma, Amico Bignami (1862-1929), chamado a estudar as feridas nas mãos de Padre Pio em 1920, indicou que elas poderiam ter origem natural e que vinham sendo "mantidas por meios químicos". Outras feridas no corpo do sacerdote pareciam ser causadas pela "aplicação repetida de uma substância cáustica".[7]

A despeito do entusiasmo que o Padre Pio despertava, em 1923, o Santo Ofício emitiu uma declaração afirmando que não havia prova de que os estigmas de Padre Pio fossem de origem sobrenatural – isto é, milagrosa ou demoníaca.[8] O fundador da Universidade Católica do Sagrado Coração de Milão, o psiquiatra e frade franciscano Agostino Gemelli (1878-1959) chegou a se referir ao Padre Pio como "um psicopata ignorante que pratica automutilação".[9] Mesmo a canonização do padre foi realizada sem a invocação dos estigmas. Os dois milagres, necessários para que um fiel católico seja declarado santo, foram duas curas tidas como inexplicáveis (discutirei mais detalhes sobre curas milagrosas em geral num capítulo adiante).

Luzzatto encontrou ainda documentos mostrando que dois papas, Bento XV (1854-1922) e Pio XI (1857-1939), consideravam Pio uma fraude,[10] e que João XXIII (1881-1963) teria provas – incluindo rolos de filme – indicando que algumas senhoras católicas tinham pelo padre uma devoção "não meramente espiritual".[11]

O historiador também revela ter descoberto, nos arquivos do Vaticano, denúncia feita por uma farmacêutica, Maria De Vito, que teria

---

6 Freze, *op. cit.*, p.209.
7 Luzzatto, 2010, p.38-9,
8 *Ibidem*, p.121.
9 *Ibidem*, p.141.
10 *Ibidem*, p.282.
11 *Ibidem*, p.269-70.

recebido do padre, em 1919, um pedido "confidencial" para que obtivesse quatro gramas de ácido carbólico puro. A farmacêutica disse ter desconfiado que o padre pretendia usar o ácido "para causar ou irritar as feridas nas mãos".[12] O motivo alegado pelo padre para requerer a substância era realizar a esterilização de seringas. O ácido carbólico, também conhecido como fenol, produz vermelhidão e queimaduras na pele. Absorvido em grandes quantidades, pode causar dano aos órgãos e até matar. O fenol tem efeito anestésico, o que faz com que a queimadura inicial seja indolor. A descrição feita pelo médico que examinou o padre em 1919 – "uma membrana marrom" – parece compatível com um ferimento de queimadura.

Outro médico, que examinou o estigma no flanco do Padre Pio – correspondente ao ferimento de lança no corpo de Jesus já crucificado –, descreveu o machucado como tendo o formato de uma cruz. A despeito da força simbólica do machucado, isso nem de longe corresponde ao que seria de se esperar no caso de uma perfuração causada por uma lança romana.

SOMENTE SÃO FRANCISCO?

Discordando da lista de mais de trezentos estigmatistas autênticos registrados desde a Idade Média e defendida por Michael Freze, o padre jesuíta Herbert Thurston (1856-1939) considera que o único caso convincente de estigmas era o de São Francisco de Assis. Escreve ele: "Estigmatização pode ser o resultado do que chamarei de 'complexo de crucificação', atuando em sujeitos cuja sugestionabilidade anormal pode ser inferida dos sintomas inconfundíveis de histeria que apresentavam previamente".[13]

A questão principal é a levantada por James Randi: como garantir que o suposto estigmatista não está arranhando ou mordendo as mãos, usando faca ou ácido ou jogando iodo nas ataduras quando ninguém está olhando? Pode-se imaginar que uma pessoa que dá todas as mostras de piedade, humildade e fé não seria capaz de levar uma impostura deliberada a cabo, mas a história desmente essa noção.

---

12 *Ibidem*, p.92-4.

13 Thurston, 2013, posição 2040 (edição Kindle).

Joe Nickell oferece, como exemplo, duas falsas estigmatistas detectadas pela Inquisição. A espanhola Magdalena de La Cruz (1487-1560) passava por êxtases, submetia-se a jejuns e a mortificações – castigos autoimpostos – e passou a apresentar estigmas. Sua fama de santidade era tamanha que mulheres grávidas procuravam-na para que benzesse as roupas e os berços das crianças por nascer. Em 1547, Magdalena ficou doente e, com medo de morrer pecadora, confessou diversas fraudes. Como diz Nickell, "se não tivesse decidido confessar, ela poderia hoje estar sendo venerada como Santa Magdalena".[14]

O outro caso é o de uma freira portuguesa, chamada Maria da Visitação, denunciada por uma colega de convento, no século XVI, que a viu pintando as feridas na palma das mãos. Médicos chegaram a defender a autenticidade do fenômeno. Maria dizia que sentia muita dor para que suas mãos pudessem ser tocadas, e os médicos tinham de se contentar em observar os estigmas à distância. Menos dispostos a respeitar a suposta dor alheia, agentes da Inquisição simplesmente esfregaram as mãos da freira, revelando a pele saudável por baixo da pintura.

O que fica em aberto é, claro, a questão de até que ponto os estigmas do próprio São Francisco eram realmente milagrosos.

---

14 Nickell, 1998a, p.219-224.

12
O PODER DA ORAÇÃO

Em 1877, a economia dos Estados Unidos se viu diante de um risco muito concreto de colapso, causado não por banqueiros – passam-se os séculos, mudam-se as ameaças –, mas por gafanhotos. Em Minnesota – até os dias de hoje um dos principais centros de produção de cereais do país –, entomologistas haviam detectado a presença de ovos de grilos e gafanhotos em 129.500 dos 207.100 quilômetros quadrados do estado. O perigo de uma praga devastadora para a produção de alimentos – e para os cofres – da nação era real e imediato.

Cada fêmea de gafanhoto põe cerca de vinte casulos de ovos nos campos durante o outono. Cada casulo contém cerca de 150 filhotes de gafanhoto.[1] Com milhões de ovos cobrindo mais de 60% do estado, uma primavera quente, oferecendo condições adequadas para o desenvolvimento dos insetos, faria com que trilhões de gafanhotos famintos surgissem dos ovos, prontos para devorar toda a vida vegetal de Minnesota e, com ela, boa parte da safra nacional de grãos.

A praga de gafanhotos era um desastre esperando para acontecer. Uma catástrofe anunciada diante da qual fazendeiros e autoridades do

---

1 Baker, 1994.

estado se viam impotentes, como se fossem passageiros de um trem desgovernado. Para piorar as coisas, o início de abril – mês em que começa a primavera do hemisfério norte – chegou quente e ameno.

A pedido dos agricultores desesperados, o governador John Pillsbury (1827-1901) declarou que 26 de abril seria um dia estadual de jejum e oração. A medida causou polêmica e foi denunciada por intelectuais como um "descrédito para a inteligência" do povo do estado. Os religiosos, por sua vez, agarraram-se à oportunidade, realizando missas, vigílias e cultos. O dia 26 de abril foi quente e ensolarado. Mas, à meia-noite daquele dia, o tempo fechou e uma chuva gelada começou a cair sobre a maior parte de Minnesota. A precipitação logo se transformou em neve. Durante todo o dia seguinte e também no dia 28, a tempestade continuou a cair, alternando chuva, neve e granizo. Ao fim da tormenta, os fazendeiros descobriram que os gafanhotos tinham sido abatidos pelo frio no momento em que saíam dos ovos. Os poucos insetos sobreviventes simplesmente foram embora, sem atacar a lavoura. Uma capela foi construída para celebrar a ocasião.

Impressionante como é, o fato histórico, pouco conhecido fora dos Estados Unidos, representa o tipo de relato a que cientistas se referem como "anedótico". Nesse contexto, a palavra não faz referência a eventos engraçados, picantes ou jocosos, mas remete à raiz grega, *anékdotos*, "coisa não publicada": o registro de uma experiência individual, um dado isolado que pode até ser interessante em si mesmo, mas que, por falta de contextualização adequada e de tratamento estatístico, não serve como base para conclusões mais amplas. Resumindo, o anedótico pode talvez *indicar* uma verdade, mas não serve para *prová-la*. Muitas superstições têm base anedótica, como o apego a gravatas, cuecas, sapatos ou joias "da sorte".

Para muita gente, a história real da praga de gafanhotos de Minnesota pode parecer uma prova cabal de que orações funcionam e de que preces são atendidas. Mas será mesmo? E se os moradores do Estado não tivessem orado no dia 26 de abril de 1877? Ou se, em vez de rezar, tivessem sacrificado pombos a Zeus, cabras a Baal, virgens a Lúcifer? O resultado meteorológico teria sido diferente? As massas de ar teriam se comportado de outra forma? É verdade que não temos como realizar o experimento – para felicidade dos pombos, das cabras e das virgens –, mas também é verdade que a eficácia da oração é tida como certa por leigos e clérigos de praticamente todos os sistemas religiosos já criados pelo homem.

Pondo de lado o aspecto suspeito dessa unanimidade – o fato de o pagão ter tanta confiança em suas orações quanto o cristão deveria fazer algumas pessoas pararem para pensar –, temos ainda o testemunho da experiência individual: você certamente conhece uma pessoa (você talvez *seja* uma pessoa) que tem uma fantástica história de prece atendida para contar. Como os fazendeiros de Minnesota.

Os milagres que analisamos nos capítulos anteriores tiveram grande importância histórica. Mas desconfio que está no resultado da oração individual, na prece intercessória por um emprego, uma vaga na faculdade, um dia de folga, um pouco mais de saúde, um pouco mais de paciência, que a maioria das pessoas tem a experiência mais íntima do milagroso em suas vidas.

Histórias de pequenos milagres pessoais obtidos por meio da oração abundam, principalmente, nos programas religiosos da televisão. Muito menos destaque, porém, recebem – na mídia e na memória individual – as orações que *não são* atendidas. Mas às vezes um ou outro caso vem à tona: em 2009, o jornal *O Globo* noticiou que um ex-fiel da Igreja Universal do Reino de Deus estava processando a denominação porque uma prece para que ganhasse uma ação trabalhista no valor de um milhão de reais não foi ouvida por Jesus.[2]

Identificar preces não atendidas é especialmente difícil porque, primeiro, as pessoas tendem a não falar sobre elas; segundo, porque num mecanismo de "encaixe retroativo", como o descrito no capítulo 11, sobre os segredos de Fátima, resultados ambíguos ou negativos podem acabar sendo interpretados como positivos. Por exemplo, um homem reza para que uma mulher aceite se casar com ele; ela recusa; ele depois conhece outra mulher, com quem se casa e é feliz. Essa pessoa pode considerar que sua prece foi atendida e de forma ainda melhor do que esperava, já que Deus impediu que cometesse um erro e pôs a "mulher certa" em seu caminho.

Casos não ambíguos geralmente envolvem situações extremamente dramáticas – como o de pessoas que rezam para não morrer durante um desastre – e tendem a ser bastante problemáticos para os defensores do poder da prece. Fato que já havia sido notado pelo poeta grego Diágoras de Melos, também conhecido como o Ateu, que viveu no século V AEC. Diz uma história que Diágoras foi levado por um amigo para ver

---

2 Dantas, 2011.

imagens de pessoas que ofereciam votos aos deuses por terem sobrevivido a tempestades no mar. A resposta de Diágoras: "E onde estão as imagens das pessoas que sofreram naufrágio e morreram nas ondas?"[3]

Em seu livro *Is this a man?* (É isto um homem?), o químico e escritor italiano Primo Levi (1919-1987) comenta a oração que ouviu em Auschwitz, quando um velho, chamado Kuhn, rezou dando graças por ter escapado da "seleção" em que os nazistas escolhiam quem iria para as câmaras de gás: "Kuhn está fora de si. Ele não vê Beppo, o grego, no catre junto de si, Beppo que tem 20 anos de idade e vai para a câmara de gás depois de amanhã e sabe disso? [...] Se fosse Deus, eu cuspiria na prece de Kuhn".[4]

Numa nota menos trágica, o escritor e filósofo francês Voltaire (1694-1778) apresentava um ponto semelhante: o que acontece, queria saber ele, se eu rezar por chuva e meu vizinho, por sol?[5]

A ESTATÍSTICA DA ORAÇÃO

A primeira tentativa científica de avaliar o poder da prece foi empreendida pelo britânico Francis Galton (1822-1911) e publicada em 1872, cinco anos antes da praga de Minnesota. Galton, parente de Charles Darwin, é pouco lembrado hoje em dia e, geralmente, quando seu nome é mencionado isso não ocorre de forma muito elogiosa. Seu papel no desenvolvimento da eugenia – a ideia de "aperfeiçoar" a raça humana por meio da manipulação e do controle da hereditariedade – não é exatamente um bom cartão de visitas, em vista do que se passou depois, no século XX.

Mas reduzir Galton a um mero instigador do racismo pseudocientífico é injusto. Ele foi também um pioneiro no uso de impressões digitais para a identificação de criminosos, da meteorologia – o primeiro mapa meteorológico publicado num jornal foi elaborado por Galton e impresso na edição de 1° de abril de 1875 do *Times* de Londres – e da criação de técnicas estatísticas para análise de dados. E é o Galton estatístico que nos interessa aqui. Em seu artigo "Statistical inquiries into the efficacy of prayer"[6] (Investigações estatísticas da eficácia da prece), ele

---

3 Hecht, 2003, p.10.
4 Levi, 2013, p.145.
5 Voltaire, 2006.
6 Galton, 1872.

oferece uma série de sugestões sobre como validar a ideia de que orações são úteis.

O plano geral, adotado até hoje em vários campos da pesquisa científica, é comparar a população de interesse com um grupo de controle – no caso, pessoas que rezam (ou que são objeto de oração) com pessoas de caráter mais secular ou que recebem menos preces. Entre as comparações sugeridas por Galton estão: naufrágios de navios de missionários *versus* de navios de traficantes de escravos; tempo de recuperação de doentes religiosos e de doentes ímpios; mortalidade infantil em famílias religiosas e em famílias seculares – nesse caso, informa o autor, o cotejamento das mortes de bebês anunciadas no jornal *Record*, religioso, e no *Times*, mais mundano, não revelava nenhuma diferença numérica perceptível.

Mas a parte mais famosa do artigo de Galton é a comparação da longevidade de membros de famílias reais com a de outros grupos de pessoas ricas. Era preciso manter a comparação restrita aos ricos para controlar outras variáveis – por exemplo, o acesso ao atendimento médico de qualidade (ou o que se passava por isso entre 1758 e 1843, o período analisado). Galton também só levou em conta as mortes naturais, excluindo da estatística os casos de acidente e de violência.

Por que a famílias reais? Porque, nas monarquias em que não há separação formal entre Igreja e Estado, a população reza pela saúde do rei na maioria dos serviços religiosos. Explica Galton: "A prece pública pelo soberano de cada Estado, protestante ou católico, é e tem sido no espírito da nossa, 'Dê-lhe saúde e vida longa'".[7] Essa prece, erguendo-se aos céus a partir de praticamente todas as igrejas e catedrais da Europa no século XIX, funcionava? Não. A idade média em que a morte alcançava os homens de famílias reais, no período de interesse, era de 64,04 anos, de fato *a menor* entre todas as classes afluentes. O grupo mais longevo era o dos proprietários rurais (70,22 anos).

A abordagem de Galton atraiu – como atrai até hoje – inúmeras críticas. A maioria delas pode ser resumida na queixa de que estudos do tipo tentam "confinar Deus ao laboratório". Isso não impediu, no entanto, que nos quase 140 anos desde a publicação original, novas tentativas de medir o poder da prece por meio da estatística fossem feitas. Centenas, ou possivelmente milhares, de estudos já foram realizados sobre o tema, boa parte deles com patrocínio de grupos de interesse religioso, e os que

7 Galton, 1872.

revelam correlações positivas entre prece, religiosidade e saúde costumam receber ampla divulgação na mídia.

O terreno, no entanto, é pantanoso. Embora duas revisões da literatura médica realizadas em 1998 e 2000 tenham apontado uma ligação entre prática religiosa e melhores condições de saúde,[8] uma análise mais aprofundada, feita em 2002,[9] mostrou que a maioria dos estudos com resultados positivos continha erros estatísticos ou metodológicos que invalidavam a conclusão. Por exemplo: um estudo publicado em 1988 mostrava que freiras tinham pressão arterial menor que o grupo de controle.[10] Mas qual o ponto mais relevante aí – intervenção divina ou o fato de que as freiras que participaram do estudo viviam em clausura, afastadas do estresse do mundo moderno, há vinte anos?

Neste século, os dois estudos sobre saúde e prece que mais repercutiram foram o trabalho de Rogerio Lobo, Daniel Wirth e Kwang Cha, *Does prayer influence the success of in vitro fertilization-embryo transfer?* (A prece influencia o sucesso da transferência de embrião na fertilização *in vitro*?), sobre o efeito da oração no sucesso da inseminação artificial, publicado em 2001 no *Journal of Reproductive Medicine*, e o *STEP – Study of the Therapeutic Effects of Intercessory Prayer* (Estudo dos efeitos terapêuticos da prece intercessória"), publicado em 2006, que representou a culminação dos esforços de seis diferentes centros acadêmicos, envolvendo quase dois mil pacientes.

REZANDO PELOS EMBRIÕES

O trabalho de Lobo, Wirth e Cha veio a público um mês após os atentados de 11 de Setembro e, de acordo com a nota publicada no *New York Times*, os próprios autores se mostraram surpresos com o resultado.[11] Os três pesquisadores, sob a chancela da Universidade Columbia, uma das mais prestigiosas dos Estados Unidos, afirmavam que mulheres inférteis que recebiam orações tinham o dobro da chance de engravidar via inseminação artificial, na comparação com mulheres que não

8 Ellison; Levin, 1998; Koenig, 2000.
9 Sloan; Bagiella, 2002.
10 Cf. *ibidem*.
11 Nagourney, 2001.

contavam com o benefício da prece. A pesquisa envolvera 199 mulheres que tinham procurado um hospital de Seul, na Coreia do Sul, para tentar engravidar, entre 1998 e 1999. Das mulheres, cem foram selecionadas, de forma aleatória, para receber orações de cristãos que moravam nos Estados Unidos, Canadá e Austrália; as outras 99 foram mantidas como controle. A taxa de gravidez no grupo que recebeu oração chegou a 50%, contra 26% no de controle. Se confirmado, o resultado seria nada menos que milagroso – além de uma fonte de constrangimento para a Igreja Católica, já que Deus estaria dando sinais inequívocos de apoio a um tipo de procedimento considerado imoral por seus porta-vozes em Roma.

Mas defeitos no estudo foram apontados quase imediatamente após sua publicação. Primeiramente foi levantada a questão ética – as mulheres coreanas não sabiam que estavam sendo usadas como cobaias – e, depois, questionado o protocolo do trabalho: os voluntários que oravam tinham sido divididos em três grupos, cada um com um tipo de prece diferente. Em alguns casos, a oração recomendada não pedia o sucesso da fertilização, mas apenas que se fizesse a "vontade de Deus". Como comentou, em 2004, o especialista em ginecologia e obstetrícia Bruce Flamm, "o protocolo do estudo é tão confuso e convoluto que não pode ser levado a sério".[12]

Questões quanto à credibilidade dos autores também não demoraram a surgir. Rogerio Lobo havia sido citado pelo *New York Times* como principal responsável pelo trabalho, mas quando as críticas à ética do estudo surgiram, a Universidade Columbia informou que ele só havia sido informado da pesquisa mais de seis meses após sua conclusão. Posteriormente, em 2004, Lobo fez um pedido formal para que seu nome fosse retirado da lista de autores do estudo, afirmando que tinha sido incluído ali por "erro", isso a despeito de ter dado entrevistas à mídia como o principal autor da descoberta, nos idos de 2001.

Outro autor, Daniel Wirth, não era sequer médico, mas um advogado que também possuía um título acadêmico em parapsicologia. Em novembro de 2004, Wirth foi condenado a cinco anos de prisão, depois de confessar a autoria de uma série de fraudes praticadas ao longo de duas décadas e envolvendo milhões de dólares.[13] O terceiro autor do estudo, Kwang Cha, reconheceu que Wirth tinha sido o criador do

12 Flamm, 2004.
13 Flamm, 2005.

estranho esquema de grupos de orações e preces diferenciadas e tinha ficado encarregado de supervisionar esses grupos.

O *Journal of Reproductive Medicine* nunca se retratou do estudo[14] – prática adotada por periódicos científicos quando um trabalho publicado se revela incorreto ou fruto de fraude. Mas os problemas metodológicos apontados, somados à revelação do caráter de Wirth, à remoção do nome de Lobo e à retirada do endosso da Universidade Columbia lançaram um compreensível manto de ridículo e descrença sobre as conclusões apresentadas.

FÉ NO CORAÇÃO

Sob praticamente todos os aspectos, o estudo STEP,[15] publicado no *American Heart Journal*, em abril de 2006, foi o inverso do polêmico trabalho sobre fertilização *in vitro* da Coreia do Sul. Citado pelo *New York Times* como "a investigação mais rigorosamente científica sobre se preces podem curar doenças",[16] o trabalho envolveu pesquisadores de seis centros de estudos, avaliando 1.802 pacientes. Teve entre seus autores um padre católico, dois pastores batistas e cerca de uma dezena de médicos.

O STEP custou US$ 2,4 milhões, pagos pela Fundação John Templeton, uma organização que se define como "um catalisador filantrópico para descobertas relacionadas às questões mais profundas e que mais causam perplexidade na espécie humana".[17] A Fundação mantém ainda o Prêmio Templeton, cuja descrição oficial da láurea, até alguns anos atrás, dizia que o prêmio destinava-se a pessoas que tivessem "dado uma contribuição excepcional à afirmação do caráter espiritual da vida". Atualmente a frase é formulada de outro modo: "pessoas que tenham [...] empregado o poder da ciência para explorar as questões mais profundas do universo, e do lugar e do propósito da humanidade nele".[18] Esse prêmio, em valor monetário, é sempre maior que o famoso Prêmio Nobel.

---

14 Cha; Wirth, 2001. O artigo formalmente segue fazendo parte da literatura científica.

15 Benson et al., 2006.

16 Carey, 2006.

17 The Templeton Foundation.

18 The Templeton Prize.

No estudo, pessoas submetidas a cirurgias coronárias foram divididas, de forma aleatória, em três grupos: 604 pacientes receberam orações depois de serem informados de que poderiam ou não ser alvo de preces; 597 não receberam orações, depois de ouvirem a mesma informação; enquanto outros 601 foram avisados de que seriam alvo de oração, e receberam as preces. Os médicos e enfermeiros envolvidos no cuidado direto dos pacientes não foram informados de quem receberia ou não preces, para evitar que os profissionais se mostrassem, ainda que inconscientemente, mais (ou menos) atenciosos com membros de um ou outro grupo.

Rezaram pela recuperação sem complicações dos pacientes selecionados três equipes de religiosos, sendo duas católicas – freiras carmelitas e beneditinas – e uma protestante – do grupo Unidade Silenciosa. Foi usada uma prece padronizada. As orações tiveram início na véspera de cada cirurgia e foram repetidas diariamente durante catorze dias consecutivos. O estudo foi realizado ao longo de vários anos. O resultado final foi surpreendente tanto para os religiosos, que provavelmente esperavam que os pacientes alvo de oração tivessem melhor recuperação que os demais, quanto para os céticos, que acreditavam que os três grupos acabariam revelando o mesmo tipo de evolução pós-operatória.

O que o STEP revelou foi que, entre os pacientes que não sabiam se receberiam ou não preces, a taxa de complicações foi praticamente idêntica, embora os alvos de oração tenham se saído ligeiramente pior: 52% desses apresentaram dificuldades pós-operatórias, contra 51% no outro grupo. Já no grupo de pacientes que tinha certeza de que era alvo de oração, a taxa complicações foi *significativamente maior*: 59% deles sofreram dificuldades após a cirurgia.

Essa conclusão se revelou um tanto embaraçosa para os religiosos envolvidos. Um dos autores, o padre Dean Marek, disse que o resultado talvez pudesse ser atribuído "às limitações do estudo".[19] Ao *New York Times*, o padre Marek afirmou que "se ouvem toneladas de histórias sobre o poder da oração, e não duvido delas".[20] O sacerdote acrescentou ainda que o resultado, mesmo se válido, só se refere a orações feitas por

---

19 "Largest study of third-party prayer suggests such prayer not effective in reducing complications following heart surgery".

20 Carey, *op. cit.*

desconhecidos dos pacientes, e não pelo próprio paciente ou por parentes e amigos.

Críticas ao caráter "reducionista" da pesquisa – "má religião e má ciência", nas palavras de um comentarista – também não demoraram a aparecer. Seria curioso ver, no entanto, como muitos dos algozes do reducionismo científico reagiriam se os dados tivessem indicado forte efeito *positivo* das preces. A interpretação mais razoável do resultado – excluindo-se, por exemplo, a hipótese de Deus ter se irritado com a enxurrada de orações e decidido castigar os pacientes – foi elaborada pelo médico cardiologista Charles Bethea, um dos coautores do estudo. O médico especulou que o fato de os pacientes saberem que seriam alvo de orações pode tê-los deixado nervosos, estressados e inseguros. Disse ainda que esses pacientes podem ter pensado: "Será que estou tão doente que precisaram chamar até a turma da reza?"[21]

Seja como for, fica a constatação de que o melhor estudo sobre o poder da oração já realizado concluiu que preces feitas por desconhecidos – mesmo desconhecidos de profunda vocação religiosa, como freiras carmelitas – para apresentar petições à divindade são, na melhor das hipóteses, inúteis. O que ecoa, curiosamente, o levantamento feito por Francis Galton, no século XIX.

---

21 *Ibidem.*

13
FALANDO EM LÍNGUAS DESCONHECIDAS

Glossolalia é o nome dado, por psicólogos e linguistas, à emissão fluente de sons que parecem ser sentenças de uma língua desconhecida tanto do falante quanto dos ouvintes. O fenômeno geralmente se dá em contexto religioso. Embora ocorra em diversas culturas, como nos êxtases xamânicos de certos povos indígenas, e seja citada por alguns comentaristas em referência, por exemplo, ao oráculo de Apolo em Delfos,[1] a glossolalia ganhou importância e popularidade a partir da década de 1960, quando foi adotada pelo movimento cristão carismático como sinal de que o falante estaria "cheio do Espírito Santo".

O neurocientista norte-americano Andrew B. Newberg, que estudou o funcionamento do cérebro de cristãos carismáticos imediatamente após episódios de glossolalia,[2] rastreou a origem do fenômeno em sua forma moderna, observando Agnes Ozman (1870-1937), uma mulher dos Estados Unidos que teria começado a "falar em línguas" em 1º de janeiro de 1901.

---

1 Nickell, 1998a, p.103-9.

2 Newberg et al., 2006.

A chamada forma "carismática" ou neopentecostal do cristianismo contemporâneo costuma ser rastreada a partir da atividade do padre Dennis Bennett (1917-1991), que em 1959 começou a "falar em línguas" e, no ano seguinte, anunciou para sua congregação, na Igreja Episcopal de São Marcos, na cidade californiana de Van Nuys, que havia recebido o "dom".[3] O movimento cresceu rapidamente na década de 1960 e chegou à Igreja Católica em 1967.

As práticas carismáticas ou neopentecostais hoje existem em diversas denominações do espectro cristão. O termo carismático, especificamente, costuma ser mais aplicado às correntes que surgiram dentro das chamadas igrejas históricas, como a católica, a luterana e a anglicana, por exemplo.

O nome desse movimento vem do grego *charismata*, que significa "dons do espírito". Entre esses dons incluem-se o batismo no Espírito Santo, a glossolalia, a profecia e o dom da cura.[4] O "batismo no Espírito Santo" distingue-se do batismo comum, recebido, na maioria das denominações cristãs, logo na infância, por representar um "empoderamento para o testemunho do cristianismo" e um "preenchimento com o Espírito Santo".[5] Tradicionalmente, vem acompanhado por glossolalia.

O movimento carismático assevera que esses dons, concedidos aos cristãos da era apostólica, continuam disponíveis até os dias de hoje. A denominação "neopentecostal" vem do fato de que uma das descrições mais dramáticas da manifestação dos carismas do Espírito Santo aparece na narrativa bíblica de Pentecostes, no livro de Atos dos Apóstolos (falaremos mais sobre esse episódio adiante).

Newberg cita ainda a descoberta de que existem dois tipos de glossolalia. Uma, que chama de "mais dramática",[6] envolve canto, fala e experiência de êxtase físico. A outra, "prece glossolálica", seria uma manifestação quase silenciosa, associada à sensação de paz e serenidade.

Na tradição cristã, fenômenos que poderiam ser descritos como glossolalia aparecem no Velho Testamento – por exemplo, no primeiro livro de Samuel, é dito que "o Espírito de Deus apoderou-se de Saul e ele

---

3 Balmer, 2014, p.113.
4 Nickell, *op. cit.*, p.101.
5 Cross; Livingstone, 2005, p.154.
6 Newberg et al., *op. cit.*

pôs-se a profetizar no meio deles".[7] "Profetizar", nesse contexto, significa produzir um discurso incoerente, sob estado de êxtase.

No Novo Testamento, a menção mais antiga da prática ocorre na Primeira Carta de Paulo aos Coríntios que, no versículo 10, do capítulo 12, diz ao descrever os dons do Espírito Santo: "A outro, o poder de fazer milagres; a outro, a profecia; a outro, o discernimento dos espíritos; a outro, a diversidade de línguas; a outro, a interpretação das línguas."[8] E, depois, no capítulo 13: "Se eu falasse as línguas dos homens e dos anjos, mas não tivesse amor, eu seria como o bronze que soa, ou como o címbalo que retine".[9] É interessante notar que o apóstolo Paulo aplica ao fenômeno da "diversidade de línguas" o conceito de "interpretar" e não o de "traduzir". Aí já parece haver a intuição de que as "línguas" que emergem no êxtase religioso não são realmente idiomas, como o grego ou o latim, mas alguma outra coisa.

A glossolalia reaparece, no Novo Testamento, no chamado final longo do Evangelho de Marcos. Enquanto a parte principal desse evangelho é geralmente datada da época da destruição do Templo de Jerusalém pelos romanos, na década de 70 do primeiro século, os versículos de 9 a 20, do capítulo 16, foram provavelmente escritos e anexados ao original já no segundo século, com temas emprestados dos demais evangelhos e elementos apócrifos.[10] Esse final postiço de Marcos tem Jesus prometendo aos discípulos, entre outros dons, o de falar "novas línguas".

Mas o episódio mais marcante, ao menos em vista da interpretação atual dada ao fenômeno pelos grupos pentecostais e carismáticos, é o narrado no segundo capítulo de Atos dos Apóstolos:

> 1. Quando chegou o dia de Pentecostes, os discípulos estavam todos reunidos no mesmo lugar.
> 2. De repente, veio do céu um ruído, como um vento forte, que encheu toda a casa em que se encontravam.
> 3. Apareceram então línguas como de fogo, que se repartiram e pousaram sobre cada um deles.

---

7 I Samuel, 10:10.

8 *Bíblia Sagrada*, 2018, p.1572.

9 I Cor 13:1.

10 Coogan, 2001, nota aos versículos 9-20 do capítulo 16 do Evangelho de Marcos, p.91.

4. Todos ficaram repletos do Espírito Santo e começaram a falar em outras línguas, conforme o Espírito Santo lhes concedia expressar-se.[11]

A despeito de seu *pedigree* na Escritura, a glossolalia se manteve como ocorrência incomum e esporádica durante a maior parte da história da cristandade, até ser recriada como prova cabal da ação do Espírito Santo na vida do fiel – e não mais como uma rara dádiva divina.

LINGUÍSTICA

O linguista da Universidade de Toronto, Canadá, William J. Samarin (1926-2020), já publicou diversos estudos sobre glossolalia[12] e é autor do verbete a respeito do assunto numa enciclopédia de linguagem.[13] Ele não hesita em afirmar que "a glossolalia contemporânea do tipo religioso é de fato *nonsense*, porque não existe correlação entre unidades de som e unidades de significado".[14] Samarin também explica que a glossolalia é um fenômeno natural, e que os sons da língua falada pelo fiel podem ser reconhecidos. Ele diz que a fonética da glossolalia costuma ser mais pobre que a da língua original, e que o "falar em línguas" conta com um repertório de sílabas bastante limitado. "Parece que o falante está revertendo a um estágio anterior da linguagem em sua aquisição pela criança", escreve, lembrando que as crianças continuam a brincar de inventar palavras imaginárias mesmo depois de aprender alguma coisa do idioma correto.

Frases e palavras de glossolalia podem ser contagiosas. O pesquisador dá como exemplo um glossolalista que ouça de outro a "palavra" *shanda*. Essa palavra pode então ser incorporada ao discurso numa série de variações que possivelmente assumiria a forma de algo como *shanda landa lasha, sundala landasa...*

Outras características que permitem distinguir a glossolalia de uma língua verdadeira é a repetição monótona de ritmos que acompanha os discursos mais longos, um padrão de consoantes que parece

---

11 *Bíblia Sagrada*, *op. cit.*, p.1501.
12 Samarin, 1973.
13 *Idem*, 2006.
14 *Ibidem*.

ser invariável e específico de cada glossolalista, além de um excesso de rimas e da ausência de uma estrutura sintática. Cada congregação também parece ter sua glossolalia particular, inspirada pela do iniciador do fenômeno no local. Às vezes, a glossolalia de um carismático visitante pode afetar, por algum tempo, o estilo do grupo. Samarin descreve o fenômeno como uma "função de pseudolinguagem" que qualquer pessoa pode acessar, desde que se deixe desinibir. Fora do contexto religioso essa função é usada, por exemplo, quando alguém tenta, de brincadeira, imitar uma língua estrangeira que desconhece.

NEUROTEOLOGIA

Newberg é autor, entre outros livros, de *Como Deus pode mudar sua mente* e *Principles of neurotheology* ("Princípios da neuroteologia"). Suas pesquisas incluem o estudo do funcionamento do cérebro de monges budistas durante a meditação.

Em 2006, Newberg convidou cinco mulheres, de comunidades pentecostais ou carismáticas, para se submeterem a uma experiência que iria comparar o funcionamento de seus cérebros após cantarem uma música religiosa e depois de passarem por um episódio de glossolalia. O cientista usou uma técnica na qual um material levemente radioativo é injetado no sangue dos voluntários. Uma câmera capaz de fotografar raios gama é então usada para fazer imagens do cérebro. A ideia é que as partes do cérebro que estiverem mais ativas consumirão mais sangue e, por tabela, concentrarão mais da substância que produz a radiação. Assim, as áreas cerebrais que aparecem mais brilhantes, na imagem de raios gama, serão as mais usadas na atividade em questão.

Nesse estudo específico, a produção de imagens do cérebro não ocorreu de forma simultânea à atividade – canto ou glossolalia –, mas imediatamente depois. As voluntárias permaneceram cantando ou falando em línguas por cerca de quinze minutos e, em seguida, tiveram seus cérebros analisados por um período de trinta a quarenta minutos.

Para garantir que o material radioativo realmente registrasse a atividade correspondente à glossolalia, a injeção intravenosa só ocorreu cinco minutos depois do início do fenômeno, quando as voluntárias já estavam imersas no êxtase. Newberg encontrou diversas diferenças entre o comportamento do cérebro durante a cantoria de música gospel e durante a glossolalia, mas a mais notável foi a redução da atividade nos chamados córtices pré-frontais do cérebro, áreas que ficam bastante ocupadas durante atividades que requerem alto nível de controle e atenção. De acordo com Newberg, o achado é consistente com a descrição dada pelas voluntárias, de que durante a glossolalia elas não têm controle consciente do que estão dizendo. Curiosamente, esse efeito é o oposto do detectado durante a meditação budista.

Em estudo realizado com oito meditadores, em 2001, Newberg publicou resultados que apontavam um aumento na atividade da região frontal do cérebro.[15] Isso sugere aumento na atenção e na concentração dos voluntários durante a prática budista de meditação, o que faz desse tipo de experiência uma espécie de versão em negativo da glossolalia. As voluntárias que "falaram em línguas" tiveram uma queda média de 9,3% na atividade da parte frontal do cérebro; os meditadores, um aumento de 10% na mesma região.

A associação entre glossolalia e perda do controle consciente do comportamento traz à mente um curioso paralelo histórico: quando o imperador selêucida Antíoco IV tentou, no segundo século AEC, diluir o culto palestino de Yahweh na cultura de inspiração grega disseminada no Oriente pelas conquistas de Alexandre Magno – de quem os selêucidas eram herdeiros –, seu plano envolvia identificar a divindade dos judeus com Dionísio,[16] deus grego da embriaguez, da loucura e dos êxtases sagrados. Supondo que Antíoco não estivesse tentando estabelecer a correspondência entre Yahweh e Dionísio por mero acaso, e lembrando a história do êxtase de Saul, é possível que os fiéis que atualmente se deixam "imbuir do Espírito" estejam visitando raízes ainda mais profundas de sua religião do que imaginam.

Na década de 1980, o neurocientista canadense Michael Persinger (1945-2018) analisou eletroencefalogramas de pessoas submetidas a diversos tipos de experiência religiosa, e encontrou sinais de atividade do lobo temporal semelhantes aos da epilepsia, em uma mulher durante um episódio de glossolalia. O sintoma surgiu no momento descrito por ela como "de maior contato com o Espírito". Outros glossolalistas, no entanto, não manifestaram o mesmo padrão. Epilepsia do lobo

---

15 Newberg et. al., *op. cit.*

16 Callahan, 2002.

temporal é o mesmo tipo de condição atribuída a alguns visionários místicos, como o apóstolo Paulo, de quem já tratamos no capítulo 2.

Persinger é o criador do "capacete Deus", aparato que estimula os lobos temporais do cérebro e que, segundo alguns relatos, produz uma sensação de transcendência e de presença divina. Em 2003, no Reino Unido, a BBC levou ao ar um documentário sobre o trabalho de Persinger. Nele, o biólogo Richard Dawkins submeteu-se ao capacete e saiu "desapontado" da experiência. "Teria dificuldade para jurar que essas coisas [sentidas durante o experimento] são coisas que não poderiam simplesmente acontecer de noite, no escuro",[17] afirmou.

Em 2005, um grupo de cientistas suecos publicou um artigo, na revista *Neuroscience Letters*, afirmando que o efeito atribuído ao capacete era, na verdade, produzido por sugestão – os voluntários simplesmente sabiam quais sensações esperar, e acabavam produzindo-as de forma inconsciente.[18]

---

17 "God on the brain", 2011.

18 Granqvist et al., 2005.

14
CURA PELA FÉ

Caros leitor e leitora, talvez vocês já tenham visto na televisão a seguinte cena: o pregador evangélico baixar a cabeça, fechar os olhos, estender um braço diante de si e começar a falar no microfone, mantendo durante todo o tempo a testa franzida, numa espécie de esforço supremo: "Em nome de Jesus, estou banindo toda doença, toda..." e então começa a declamar uma lista de dezenas de problemas de saúde, não raro, em ordem alfabética, indo, por exemplo, de abscesso a zoonose.

Esta técnica – conhecida como *shotgun*, ou "escopeta" é também muito usada por cartomantes, astrólogos e videntes – revela, de forma bastante crua e bem pouco sofisticada, o que está por trás de muitas das "curas milagrosas" propagandeadas na atualidade e atribuídas seja a poderes neopentecostais seja à intercessão de um santo católico: probabilidade, pura e simples.

No caso do tele-evangelista, com milhares de pessoas assistindo ao programa e menção a dezenas de problemas de saúde, não é difícil que um ou dois telespectadores realmente venha a se sentir melhor e saiam por aí contando aos vizinhos o milagre operado por meio do pastor. Já as pessoas que *não* melhoram – a esmagadora maioria – não têm nada a contar para ninguém.

No caso dos santos católicos, o fenômeno é o mesmo, só que se dá de forma mais sutil. Para ser canonizado, um candidato a santo precisa, primeiro, estar morto; segundo, ter dois milagres comprovados pela Igreja Católica. A questão da comprovação é complexa e aberta a contestações, como vimos no capítulo sobre Lourdes, mas o principal é notar que as canonizações são, em geral, precedidas por campanhas, nas quais pessoas interessadas em ver o candidato ser declarado santo – membros de uma ordem religiosa, familiares, devotos etc. – solicitam que as pessoas que precisam de um favor divino, "uma graça", rezem pela intercessão do postulante. O efeito final é semelhante ao da escopeta evangélica: milhares (ou milhões) de pessoas, dezenas (ou centenas) de doenças.

De acordo com a Lei dos Grandes Números, demonstrada pelo matemático da Universidade da Basileia, Suíça, Jacob Bernoulli (1654-1705), publicada postumamente em 1713, os resultados acumulados de uma longa série de eventos tendem a se aproximar, cada vez mais, dos valores esperados pela distribuição das probabilidades. Assim, mesmo que uma moeda jogada para o alto caia com a mesma face para cima nas primeiras quatro ou cinco tentativas, a tendência é de que, quanto maior for o número de arremessos feitos, mais o total acumulado de caras e coroas se aproxime da proporção teórica, de 50% para cada face.

Da mesma forma, se a chance de uma pessoa se curar de uma determinada doença por pura sorte é de uma em um milhão, então a cada milhão de casos muito provavelmente haverá uma cura fortuita. Curas espontâneas de problemas graves, como câncer, são raras, mas não tão raras quanto se pode imaginar. O psiquiatra Terence Hines[1] nota que, em 1966, havia 170 casos bem documentados de remissão espontânea de câncer na literatura médica mundial. Desses, 29 eram neuroblastomas – câncer do cérebro – e 19, melanomas.

Análises da literatura médica entre 1900 e 1987 apontam um total de 741 casos de regressão espontânea do câncer, uma média de oito casos bem documentados por ano. O total de casos relatados anualmente chega a vinte, lembrando-se de que não há informação suficiente para provar de forma incontestável que houve remissão.[2] Dos casos de regressão espontânea registrados entre 1900 e 1987, 69% deles se enquadravam em uma dessas categorias: fígado, neuroblastoma, melanoma maligno,

---

1 Hines, 2003, p.336.

2 Challisl Stam, 1990.

coriocarcinoma (um tipo de câncer de útero), bexiga, retinoblastoma (retina), linfoma e câncer de mama.[3]

Outro fator que, segundo Hines, pode alimentar as histórias sobre curas milagrosas de câncer é a chamada "cura por biópsia", na qual a cirurgia feita para remover uma amostra de tecido para produzir o diagnóstico do câncer acaba removendo a totalidade do tumor. Quando o resultado da biópsia chega e é positivo, o paciente – sem saber que já está curado – pode começar a rezar (ou partir em busca de um curandeiro) e depois atribuir o desaparecimento "inexplicável" da doença a uma causa sobrenatural.

A massificação necessária para que a Lei dos Grandes Números produza sua cota de milagres é um fenômeno religioso comum. Após a canonização, em 2007, do brasileiro Frei Galvão (1793-1822), por exemplo, a demanda pelas "pílulas" milagrosas do santo atingiu aproximadamente sessenta mil pedidos mensais, de acordo com informações disponibilizadas no fim de 2010 pelo *website*. A versão mais recente do site afirma que agora são despachadas "centenas" de pílulas pelos correios ao mês, e uma média de duas mil pílulas a cada evento presencial de homenagem ao frade.[4]

Outro problema que envolve a questão das curas supostamente milagrosas é de atribuição: como se pode afirmar que foi a oração, a visita ao santuário, a intervenção do Espírito Santo que realmente causou o alívio dos sintomas ou o fim da doença?

Quando uma indústria farmacêutica decide lançar um novo medicamento no mercado, ela precisa, antes, realizar uma série de testes. Entre esses testes, há estudos nos quais a suposta eficácia da nova droga é medida em comparação com outros fatores que também poderiam produzir o efeito esperado. O propósito é responder a perguntas como: o efeito atribuído ao medicamento poderia ter sido causado por uma mudança na dieta dos pacientes? Por um novo regime de exercícios físicos? Por uma mudança na poluição do ar? Por características genéticas? Apenas quando o maior número possível de eventuais causas concorrentes é controlado – e descartado – é que o novo tratamento é considerado eficaz. Milagres não passam por análises assim tão detalhadas.

---

3 *Ibidem.*

4 São Frei Galvão, [s.d.].

Como escreve Hines, "a questão é menos determinar se a condição do paciente melhorou, mas a que causa a melhora é atribuída".[5] O fato de uma coisa – a melhora – acontecer depois de outra – o pedido de um milagre – não implica relação de causa e efeito. Existe até um nome latino para esse erro de raciocínio: *post hoc ergo propter hoc*, ou "depois daquilo, logo por causa daquilo", uma falácia clássica.

Aliás, nem mesmo o fato de a cura ser aparentemente "inexplicável" permite atribuí-la ao milagre. Essa é outra falácia clássica, a do apelo à ignorância – já que não sei o que causou isso, deve ter sido a oração para Santo Antônio. Trata-se do mesmo erro tão frequentemente cometido por ufólogos: já que não sei o que é aquela luz no céu, deve ser uma nave de outra galáxia.

O PLANO FREIREICH

Isso que foi dito até aqui, é claro, supôs que a cura tenha de fato ocorrido. Mas a percepção de milagres muitas vezes independe do verdadeiro estado da situação. Há mais de duas décadas, o oncologista norte-americano Emil J. Freireich (1927-2021) apresentou, em tom de brincadeira, o Plano Experimental Freireich, com o intuito de mostrar como qualquer tipo de conduta ou tratamento pode parecer fazer bem para a saúde – mesmo sem ter efeito nenhum.[6]

O ponto fundamental do plano é o caráter variável das doenças. A maioria das moléstias, não importa o quanto sejam graves, jamais afeta o paciente de forma contínua ou progressiva – em outras palavras, o doente não vai simplesmente ficando cada vez pior até que, num determinado momento, morre ou sara. A intensidade dos sintomas – e, por tabela, a qualidade de vida do paciente – flutua com o tempo. A vítima de uma doença terminal vai acabar morrendo, mas de um dia para o outro, de uma semana para a outra, pode haver variações dramáticas em seu bem-estar.

Um gráfico que descrevesse a qualidade de vida do paciente ao longo do tempo, então, não seria uma reta descendente, mas uma linha em ziguezague. Esse ziguezague pode ter uma tendência geral – para

---

5 Hines, *op. cit.*, p.334.

6 Sabbagh, 1991, p.247-55.

baixo, no caso de um problema que leve à morte –, mas ainda assim será um ziguezague.

A maioria das pessoas tende a apelar para Deus – ou para orixás, espíritos ou duendes – apenas depois de um período razoavelmente prolongado de piora. Dado o caráter ziguezagueante da doença, diz Freireich, existe boa chance de que o paciente realmente passe a se sentir melhor após a "intervenção", simplesmente porque a medida foi tomada no momento em que a linha "zigue" já estava prestes a se converter em "zague".

Uma faceta especialmente perversa do "plano" é que o proponente da cura milagrosa não tem como perder: se o paciente passar a se sentir melhor ou pelo menos parar de piorar, ele pode reivindicar o crédito; se piorar, pode-se dizer que é preciso esperar mais ou que o paciente não tem fé suficiente; se morrer... bem, é porque tinha chegado sua hora.

De qualquer forma, uma proporção estimada em 75% dos pacientes afligidos por doenças que não são crônicas ou terminais acabam curados naturalmente:[7] feridas cicatrizam, o sistema imune atua, muitas doenças têm ciclos bem-definidos e desaparecem depois de algum tempo.

O CASO HELEN SULLIVAN

O caso da "cura" milagrosa do câncer de Helen Sullivan (pseudônimo) pela curandeira evangélica norte-americana Kathryn Kuhlman (1907-1976) é trágico, mas tem a vantagem de ter sido acompanhado de perto por um médico, William Nolen (1928-1986), que descreve o episódio em seu livro *Healing: a doctor in search of a miracle*[8] (Cura: um médico em busca de um milagre). Publicada no início dos anos 1970, a obra de Nolen tornou-se um clássico desse tipo de investigação.

Durante um culto, Kuhlman grita para a plateia uma típica frase-escopeta – que com certeza seria verdade para alguém, em alguma parte do mundo: "Alguém com câncer está sendo curado!" Eletrizada, Helen Sullivan, de 55 anos, ergue-se de uma cadeira de rodas e cambaleia até onde a pastora está. Sullivan tem um câncer de estômago que já se espalhou para o fígado e a coluna vertebral. Sofrendo de fortes dores, só consegue andar com a ajuda de um aparelho ortopédico para reforçar as

7 Hines, *op. cit.*

8 Nolen, 1974, p.97-9.

costas. Atendendo à sugestão de Kuhlman, Sullivan retira o aparelho e corre para lá e para cá pelo palco. Por fim retorna à cadeira de rodas, acenando para o público – que a aplaude – com o aparelho nas mãos. Kuhlman dá graças ao Senhor.

A despeito da forte impressão causada na plateia – que testemunhara uma mulher tomada pelo câncer, que mal era capaz de andar sozinha, de repente correr, cheia de vigor e aparentando plena saúde, por um ato de Deus –, na verdade não houve cura alguma. Nolan entrevistou a senhora Sullivan dois meses depois do evento. O depoimento que ela deu ao médico foi o seguinte:

> Assim que ela disse, "Alguém com câncer está sendo curado", eu sabia que se referia a mim. Podia sentir esse fogo por todo o meu corpo, e estava convencida de que era o Espírito Santo trabalhando. Subi direto no palco e quando ela me perguntou do aparelho, eu simplesmente o arranquei, embora não o tivesse tirado nos últimos quatro meses, de tanto que as minhas costas doíam. Tinha certeza de que havia sido curada. Naquela noite, fiz uma oração de agradecimento ao Senhor e a Kathryn Kuhlman e fui dormir, mais feliz do que já havia me sentido em muito tempo. Às quatro da madrugada, acordei com uma dor horrível nas costas, Era tão forte que não tive coragem de me mexer. Comecei a suar frio.[9]

Exames posteriores mostraram que uma vértebra enfraquecida pelo câncer havia quebrado, por causa do esforço a que tinha sido submetida durante a corrida pelo palco. Heeln Sullivan morreu dois meses depois da entrevista, quatro meses depois de ter sido "curada" pelo Espírito Santo. Terence Hines, que comenta o episódio em seu livro,[10] reconhece que a admirável resistência de Sullivan à dor, durante os eventos no culto, requer explicação. Ele lembra que, em situações de grande estresse ou excitação, o corpo humano produz analgésicos naturais, as endorfinas. A corrida de Helen Sullivan não foi fruto de um milagre, mas de um "barato" de endorfina – o que fica ainda mais claro com o relato do retorno da dor, ainda mais intensa, após o fim da emoção provocada pela "cura".

---

9 *Ibidem*, p.98.

10 Hines, *op. cit.*, p.332.

15
MILAGRES PAGÃOS

A maioria das pessoas que reconhece o nome "Apolônio de Tiana" provavelmente deve se lembrar dele como uma das atrações do circo mágico que aparece no filme *As sete faces do dr. Lao* – filme de 1964, adaptado do romance de Charles G. Finney (1905-1984) e dirigido por George Pal (1908-1980) –, no qual Apolônio é um vidente amaldiçoado com dom de ver o futuro e descrevê-lo como realmente será – não como seus clientes gostariam que fosse.

Antes de ser apropriado pelo cinema, no entanto, Apolônio tinha sido um sábio da tradição pitagórica, que viveu mais ou menos na mesma época de Jesus e que chegou a ser considerado, nos primeiros séculos do cristianismo, como um concorrente do Messias. Assim como os apóstolos de Cristo, Apolônio percorreu as províncias orientais do Império Romano realizando milagres, curando doentes, exorcizando demônios e pregando caridade, amizade e piedade.

No que algumas pessoas do mundo moderno provavelmente considerarão um ponto de superioridade ética em relação à pregação cristã, Apolônio se opunha à morte de animais, ao consumo de carne e ao uso de roupas de pele ou couro. Num tempo em que o sacrifício de animais aos deuses era comum, ele defendia que as oferendas se limitassem a materiais como mel e incenso. Acusado de traição pelos romanos, foi preso e julgado. Depois de morto, seu corpo desapareceu e ele foi visto e conversou com discípulos, antes de ascender aos céus.

Assim como Jesus – cuja vida só é conhecida por meio dos Evangelhos, escritos décadas após sua morte, por pessoas que não tinham sido testemunhas oculares dos eventos –, Apolônio só é conhecido por uma biografia escrita cerca de um século após sua morte, de autoria do sofista Lúcio Flávio Filóstrato (170-250), ou Filóstrato de Atenas.

A comparação entre Jesus e Apolônio sempre incomodou os cristãos, por um lado, e deu munição aos críticos do cristianismo, por outro. O bispo Eusébio de Cesareia, que viveu entre o final do século III e o início do IV, produziu um tratado em ataque ao livro de Filóstrato. Por sua vez, o historiador inglês Edward Gibbon (1737-1794), em sua monumental história do Império Romano, escrita no século XVIII, diz em uma nota de rodapé que "Apolônio de Tiana nasceu mais ou menos ao mesmo tempo que Jesus Cristo. Sua vida, como a de Jesus, é narrada de forma tão fabulosa por discípulos fanáticos que não temos como saber se era um sábio ou um impostor".[1]

A primeira tentativa de se traduzir a biografia escrita por Filóstrato, *A vida de Apolônio de Tiana*, para o inglês, realizada no século XVII, "foi considerada [...] tão ofensiva para a religião cristã que acabou rapidamente suprimida".[2] A primeira edição finalmente publicada, em 1809, saiu repleta de notas de rodapé nas quais clérigos da Igreja Anglicana se esforçam para expor Apolônio, e os milagres atribuídos a ele, ao ridículo e a tratar todo paralelo com a vida de Jesus como injusto ou desonesto.

De todas as maravilhas atribuídas a Apolônio por Filóstrato, o poder de estar em dois lugares ao mesmo tempo – ou de desaparecer de um local e aparecer imediatamente em outro – é a que se manifesta mais vezes. Os comentaristas cristãos da edição inglesa de 1809 consideram "ridícula" a história segundo a qual, informado de que uma praga assolava a cidade de Éfeso, Apolônio teria se transportado imediatamente para lá e exorcizado o demônio responsável pela aflição. Por que essa história seria mais ridícula que a de Jesus acalmando uma tempestade e logo em seguida transplantando demônios de dois possessos para uma

---

1 Gibbon, 1995, posição 6412 (edição Kindle).

2 Filóstrato, 1809.

vara de porcos,[3] cabe ao leitor decidir – depondo contra a ética de Apolônio, nesse caso, está o fato de que o método de exorcismo proposto por ele envolvia matar um mendigo a pedradas.

Outro teletransporte descrito por Filóstrato teria ocorrido durante o julgamento de Apolônio em Roma, diante da corte do imperador Domiciano, que reinou de 81 a 96. De acordo com o biógrafo, impedido de apresentar, na íntegra, seu discurso de defesa, Apolônio desmaterializou-se diante do imperador pela manhã e apareceu, antes no anoitecer, numa cidade localizada a três dias de viagem da capital.

A crítica cristã, tal como anexada à edição de 1809 e que soa perfeitamente razoável, é de que um desaparecimento tão maravilhoso, diante da nata da elite romana, certamente teria sido registrado por outras fontes. O mesmo, no entanto, pode ser dito dos fenômenos extraordinários que, segundo Mateus e Lucas, seguiram-se à morte de Jesus:

> 51. Nisto, o véu do Santuário rasgou-se de alto a baixo, em duas partes, a terra tremeu e as rochas se partiram.
> 52. Os túmulos se abriram e muitos corpos dos santos, que haviam morrido, ressuscitaram
> 53. Saindo dos túmulos, depois da ressurreição de Jesus, entraram na Cidade Santa e apareceram a muitos.[4]

> 44. Já era por volta da hora sexta, e uma escuridão cobriu toda a terra até a hora nona
> 45.O sol havia parado de brilhar, o véu do santuário rasgou-se pelo meio.[5]

É interessante notar que um tipo semelhante de milagre – a bilocação, ou capacidade de estar em dois lugares ao mesmo tempo – não é de todo desconhecido na tradição cristã. Na Quinta-Feira Santa de 1226, Santo Antônio de Pádua – que, a despeito da apelação italiana, era português – foi visto rezando simultaneamente em dois pontos diametralmente opostos da cidade francesa de Limoges: num monastério e também na igreja Saint Pierre de Queyroix. Padre Pio, que já discutimos em capítulo anterior, também era pródigo nesse tipo de manifestação.

---

3 Mateus, 8:24-32

4 Mateus, 27:51-5 (in *Bíblia Sagrada*, 2018, p.1387).

5 Lucas, 23: 44-45 (in *ibidem*, p.1461).

Um terceiro milagre de Apolônio foi testemunhar em Éfeso, na Ásia Menor, o assassinato de Domiciano no instante em que era cometido, em Roma. Nas palavras de Filóstrato:[6]

> Apolônio estava caminhando e debatendo entre as árvores [...] Primeiro, sua voz diminuiu, como se algo o alarmasse; ele então continuou a conversar, mas num tom mais baixo que o normal, como uma pessoa cujos pensamentos tratam de algo diverso do que se está falando; por fim, ficou em silêncio, como se tivesse perdido o fio da conversa. Então, fixando os olhos firmemente na terra, e avançando três ou quatro passos, gritou, "Ataque o tirano" – "Ataque" – e isso fez, não como alguém que vê uma imagem num espelho, mas que literalmente vê o feito, como se estivesse promovendo-o. Toda Éfeso ficou espantada com o que ouvia (pois todos estavam presentes ao debate). Mas Apolônio, parando por algum tempo, como quem aguarda o resultado de uma ação duvidosa, por fim proclamou: "Alegrem-se, ó éfesos! Pois neste dia o tirano é morto; e por que digo eu, neste dia? Neste exato momento, enquanto as palavras estão em minha boca, juro por Minerva, o feito se cumpriu"; depois disso, silenciou.

Sobre esse episódio, os comentaristas da edição de 1809 levantam as hipóteses (1) de que o feito é incrível demais para ser levado a sério e, portanto, se deve exclusivamente à credulidade de Filóstrato; (2) de que se tratou de mera coincidência; (3) de que Apolônio estaria em consórcio com demônios; ou (4) de que o taumaturgo fosse parte da conspiração para assassinar o imperador e, portanto, soubesse, de antemão, quando o regicídio seria cometido. Se tivesse sido escrito algumas décadas mais tarde, o comentário provavelmente incluiria também uma menção à telepatia ou à percepção extrassensorial. A tese mais simples, de exagero do biógrafo, parece suficiente para dar conta desse caso – e de inúmeros outros, envolvendo autores e biografados muito mais importantes aos olhos do mundo moderno.

Por fim, resta a aparição de Apolônio ressuscitado aos discípulos, após sua morte. Ela é narrada no capítulo XXXI do oitavo e último livro da obra de Filóstrato. Um neopitagórico, Apolônio acreditava na imortalidade da alma e na reencarnação. No entanto, após sua morte, um jovem discípulo veio a duvidar da doutrina da imortalidade, e passou

---

6 Filóstrato, *op. cit.*

dez meses rezando para que a alma de Apolônio lhe aparecesse e o convencesse da verdade. Sem que a prece fosse atendida, o rapaz passou a tomar parte em debates argumentando contra a tese da alma imortal.

Apolônio, então, teria aparecido para esse jovem, enquanto ele se encontrava em meio a outros discípulos, causando sua imediata conversão. Nenhum dos demais discípulos chegou a vê-lo, mas o discurso que o jovem fez, transmitindo as palavras que Apolônio lhe revelava, foi tão brilhante que todos se convenceram da presença do mestre entre eles. Mas uma vez, a crítica dos comentaristas cristãos na edição de 1809 é perfeitamente lógica e pertinente: o depoimento de um menino sonhador deve ser aceito como evidência de ressurreição? O que fica sem ser dito é que um dos mais importantes relatos de aparição do Cristo ressuscitado – o transe de Paulo a caminho de Damasco – não é muito diferente da epifania do discípulo de Apolônio.

ALEXANDRE, PROFETA DE GLYCON

Nem todos os operadores de prodígios da Antiguidade, no entanto, contaram com biógrafos ou evangelistas tão entusiasmados, crédulos ou caridosos. Em seu relato da vida e das obras do vidente, sacerdote e curandeiro Alexandre, o satirista Luciano de Samósata (115-181) não perde tempo e, logo nas primeiras linhas, refere-se ao biografado como "o charlatão de Abonoteico".[7] Luciano explica em seguida que sua narrativa vai tratar "dos esquemas ousados e ardis" do "grande vilão". Abonoteico provavelmente ficava onde hoje existe a cidade turca de Inebolu, a 590 quilômetros de Istambul. O satirista descreve o objeto de sua biografia: um com homem alto, loiro – embora usasse peruca – e muito belo, "como um deus". Adolescente, Alexandre "vendia seus favores livremente e ia com qualquer um que pagasse por sua companhia" – em outras palavras, era um prostituto. Um de seus clientes mais entusiásticos era um nativo da cidade de Tiana e discípulo de Apolônio. Esse amante, que ganhava a vida oferecendo "feitiços mágicos e encantamentos maravilhosos, amuletos para trazer amor, sofrimento para seus inimigos, descobrimentos de tesouros enterrados e heranças"

7 Luciano, 2017, p.267-300.

tomou o jovem Alexandre como aprendiz e serviçal. "Ele o treinou bem", diz Luciano.[8]

Alexandre partiu para a carreira solo depois de encontrar uma rica viúva, "encantadora, mas não mais jovem" para financiar a empreitada. O primeiro passo foi estabelecer um oráculo onde pudesse atuar como profeta. O oráculo de Alexandre foi legitimado por um grande milagre, que marcou também a chegada à terra de um novo semideus: Glycon, filho de Esculápio, patrono da Medicina.

Para criar expectativa em torno do projeto – é interessante ver como as modernas técnicas de marketing são, na verdade, muito antigas –, Alexandre e um cúmplice, chamado Coconas, foram à cidade de Calcedônia, também na atual Turquia, e enterraram lá, num templo de Apolo, placas de bronze contendo a previsão de que Esculápio iria estabelecer residência em Abonoiteco. A descoberta providencial das placas, com toda a publicidade subsequente, pôs o plano em movimento.

Alexandre então retornou, com cabelos compridos e vestindo uma longa túnica púrpura, à sua cidade natal, onde se tornou "foco de atenção e admiração". "Ele fingia ter surtos periódicos de loucura, com espuma saindo da boca", escreve Luciano, explicando que o efeito espumante era obtido mascando algumas ervas.[9] Visitando à noite a obra de construção de um templo, Alexandre depositou, numa poça de água acumulada pela escavação dos alicerces, uma casca de ovo de ganso, na qual havia acondicionado uma minúscula serpente. No dia seguinte, vestindo apenas um pano em torno da virilha e com os cabelos e a barba desgrenhados, foi anunciar aos gritos, no mercado da cidade, que um deus viria se manifestar na obra do templo. Seguido por uma multidão, correu até o local, retirou o ovo da lama e, em meio a cânticos e invocações a Esculápio e Apolo, quebrou-o. A aparição da serpente – um animal associado a Esculápio – fez o povo "gritar, dar boas-vindas ao deus e [...] lançar-se em orações pedindo tesouro, riqueza, saúde e todas as bênçãos".[10]

Alexandre havia comprado uma grande serpente amestrada e, usando a cabeça do animal como modelo, criou um fantoche articulado de uma cabeça de cobra com feições humanas. Alguns dias

---

8 *Ibidem.*

9 *Ibidem*, p.274.

10 *Ibidem*, p.276.

depois do "milagre", o novo profeta apresentou-se, numa sala escura, reclinado num divã, com a grande serpente enrolada a seus pés, a verdadeira cabeça do animal oculta atrás de seu braço, o fantoche posicionado de forma a aparecer como se fosse parte do corpo do réptil. Este truque de prestidigitação, um animal com rosto humano, foi apresentado como "Glycon, neto de Zeus, um farol de luz para os mortais".[11] Oráculos de Glycon, enunciados e interpretados por seu profeta Alexandre, poderiam ser obtidos à módica taxa de uma "dracma" e dois "óbolos" por pergunta.

Outros truques foram agregados ao ato. Por exemplo, perguntas enviadas a Glycon em rolos de pergaminho lacrados com cera eram respondidas sem que o lacre fosse violado e o rolo era devolvido, aparentemente intacto, ao cliente. De acordo com Luciano, Alexandre obtinha informação sobre o conteúdo da questão interrogando ou subornando servos e parentes do consulente ou, ainda, usando uma agulha aquecida para soltar o lacre, ler a pergunta e, depois, fixando a cera de volta no lugar. Todos os pergaminhos eram devolvidos, exceto os que continham questões comprometedoras. Esses, Alexandre preservava para si, incluindo assim extorsão a seu cardápio de serviços. (E sexo também: Luciano conta como alguns pais de família se sentiam honrados ao ver as esposas e as filhas nos braços do porta-voz do deus. Ele organizou ainda um grupo de sacerdotisas, as "Inclusas no Ósculo", que não podiam ter mais de 18 anos de idade.).

Com o tempo, o profeta agregou outros funcionários a seu espetáculo, principalmente nas áreas de espionagem e publicidade: viajantes eram pagos para espalhar notícias de que o oráculo de Glycon "recupera escravos fugidos, detecta ladrões, descobre tesouros, cura os doentes, ressuscita os mortos". A influência de Alexandre cresceu a ponto de o profeta conseguir casar sua filha com um oficial da corte romana – que aceitou as núpcias depois de, claro, ser orientado pelo oráculo. Esse genro romano, Rutilianus, salvou Alexandre de um grande embaraço. Ele havia perguntado a Glycon que tutor deveria escolher para seu filho, um jovem nascido de um casamento anterior. A resposta do semideus foi: "Pitágoras escolhei, e o nobre bardo que canta a guerra." O garoto, no entanto, morreu poucos dias depois, o que parecia indicar que ele não precisaria de tutores, afinal. E como o oráculo não sabia disso?

---

11 *Ibidem*, p.278.

Mas Rutilianus se convenceu de que Glycon havia, de fato, previsto a morte do rapaz: Pitágoras e Homero – autor da Ilíada e, por conseguinte, o "bardo que canta a guerra" – não estavam ambos no reino dos mortos, exatamente o lugar para onde a alma do jovem tinha partido? Glycon também previu que Rutilianus viveria até os 80 anos, mas o romano morreu com 70.

Luciano conta que preparou armadilhas para Alexandre – por exemplo, enviando uma pergunta escrita no pergaminho lacrado, mas espalhando pela cidade que a questão era outra, e obtendo, do oráculo, a resposta à questão do boato, e não à que constava por escrito. O satirista relata ainda que Alexandre tentou, sem sucesso, matá-lo. O profeta de Glycon morreu de gangrena na perna antes dos 70 anos, embora tivesse previsto que viveria até os 150, quando sua vida seria encerrada por um relâmpago. Durante o tratamento, os médicos descobriram que Alexandre era careca e usava peruca.

A despeito da morte ignominiosa do profeta e da exposição feita por Luciano, datada do início do reinado do imperador Cômodo – que governou de 180 a 192 –, o culto de Glycon prosperou ainda por um bom tempo. Há evidência arqueológica de que a serpente de rosto humano ainda era adorada nos séculos III e IV.[12]

12 Hornblower; Spawforth, 2003, p.60-1.

16
POSSESSÃO DEMONÍACA

Se milagres representam uma interferência do divino na ordem natural das coisas, a possessão demoníaca é, por assim dizer, a outra face da moeda: a intervenção do lado satânico do sobrenatural no mundo físico. A ideia de que doenças e outros distúrbios são causados por espíritos mal-intencionados é antiga e, aparentemente, universal: vestígios arqueológicos documentando esse tipo de crença foram encontrados na China e datam de 1.600 AEC.[1]

Embora o conceito de possessão possa parecer primitivo ou mesmo ridículo para as pessoas mais esclarecidas nos dias atuais, não só a existência – concreta, não metafórica – de Satanás e de suas hostes de demônios foi reafirmada várias vezes pelo papa João Paulo II,[2] como também o catecismo da Igreja Católica afirma que a autoridade espiritual da Igreja permite expulsar demônios ou livrar pessoas da influência demoníaca.[3] O próprio João Paulo II teria conduzido pelo menos três exorcismos ao

---

1 Laycock, 2015, p.24.

2 Por exemplo, na audiência geral de 13 de agosto de 1986 (cf. Juan Pablo II, 1986).

3 *Catecismo da Igreja Católica*, 1993, item 1673.

longo de seu reinado, entre 1978 e 2005.[4] Sob o papa atual, Francisco, o uso de exorcismos já foi descrito por comentaristas como uma arma na "guerra cultural" do Vaticano contra a secularização do mundo.[5]

Em 1999, o Vaticano atualizou suas regras para a expulsão de demônios pela primeira vez desde 1614,[6] exortando os sacerdotes a tomar muito cuidado para não confundir doença mental com possessão genuína. O catecismo determina: "É importante, pois, assegurar-se, antes de celebrar o exorcismo, se se trata da presença do maligno ou de uma doença".

Na Grécia antiga, Hipócrates (c.460-370 AEC), o pai da Medicina, já argumentava que diversos comportamentos atribuídos à presença de espíritos ou demônios no corpo do paciente eram, na verdade, causados por doenças do cérebro. No entanto, quatrocentos anos mais tarde, não só a civilização romana ainda tratava os epiléticos como alvos de castigo divino – a prática comum era cuspir na vítima do surto, a fim de afastar os maus espíritos –, como Jesus se valia de exorcismos e orações para tratar os sintomas da doença, tal como descritos no Evangelho de Marcos:

> 17. Respondeu um homem dentre a multidão: Mestre, eu te trouxe meu filho, que tem um espírito mudo.
> 18. Cada vez que o espírito o agride, joga-o no chão, e ele começa a espumar, range os dentes e fica completamente rígido. Eu pedi a teus discípulos que o expulsassem, mas eles não conseguiram.
> [...]
> 25.Vendo Jesus que a multidão se juntava ao seu redor, repreendeu o espírito impuro: "Espírito mudo e surdo, eu te ordeno: sai do menino e nunca mais entre nele".[7]

A associação entre epilepsia e possessão não é, infelizmente, coisa do passado. Em agosto de 2009, o Superior Tribunal de Justiça manteve condenação da Igreja Universal do Reino de Deus por agressão a um epilético, indevidamente "exorcizado" por representantes da denominação.[8]

---

4 Amorth, 2016, p.88.
5 Roberts, 2019.
6 Willey, 1999.
7 Marcos, 9: 17-25 (in *Bíblia Sagrada*, 2018, p.1404).
8 "Igreja Universal é condenada por humilhar epilético", 2009.

Embora a epilepsia seja a doença mais comumente confundida com possessão, os sintomas mais dramáticos associados à suposta presença do demônio pertencem a uma doença rara, a Síndrome de Gilles de la Tourette, que deve o nome ao médico francês (1857-1904) que a descreveu, em 1885.[9] De acordo com o psiquiatra Barry Beyerstein,[10] os sintomas da síndrome, que muitas vezes é confundida com a esquizofrenia, coincidem também com várias representações contidas no *Malleus Maleficarum*, o manual de caça às bruxas da Inquisição, usado entre os séculos XV e XVIII. Tal como descritos por Beyerstein, os sintomas iniciais da doença são tiques, caretas, reviravolta dos olhos. E progridem para vocalizações espontâneas, como pigarros, grunhidos, gritos e latidos. (O *Malleus Maleficarum*, talvez não por coincidência, dedica algumas páginas à discussão de se a transmutação de homens em animais, realizada por demônios, é real ou aparente, afetando apenas "a faculdade da fantasia ou imaginação".)[11]

Em mais da metade dos casos, ainda segundo Beyerstein, a síndrome produz surtos verbais de blasfêmias, palavrões e termos sexuais. Impulsos violentos, desejos sexuais "proibidos" ou de cometer sacrilégio tomam conta da mente da vítima, com forte impressão de que a verbalização ajudará a dissipar a pressão psicológica. Qualquer pessoa que tenha assistido ao filme *O exorcista* provavelmente reconhecerá os sintomas da Síndrome de Tourette no comportamento da menina Regan McNeil, interpretada por Linda Blair, no sucesso de 1973.

Embora pacientes de Tourette provavelmente tenham sido penalizados por bruxaria ou possessão ao longo da história, essa é uma doença muito rara, e causas diversas – por exemplo, fingimento e histeria – podem ser sugeridas tanto para o caso de 1949, que inspirou o filme, quanto para outros episódios.

O EXORCISTA

William Peter Blatty (1928-2017), o autor do romance *O exorcista*, de 1971, e do roteiro do filme de 1973, nunca escondeu que seu romance

---

9 Beyerstein, 1988.

10 *Ibidem.*

11 Kramer; Sprenger, 2007, posição 1100 (edição Kindle).

teve, como ponto de partida, um caso real. Na obra autobiográfica *If there were demons, then perhaps there were angels*,[12] ele reproduz sua fonte de inspiração: uma nota publicada na edição de 20 de agosto de 1949 do jornal *The Washington Post*, sobre um menino de 14 anos que teria sido libertado do demônio após "vinte ou trinta performances do antigo ritual de exorcismo". Após a publicação do romance, uma verdadeira caçada jornalística ao "menino endemoninhado" (que acabou recebendo o pseudônimo de "Roland Doe"[13]) teve início.

Uma série de detalhes curiosos foi emergindo ao longo do tempo: o primeiro religioso a lidar com o caso havia sido um pastor luterano; padres católicos participaram da história apenas mais tarde; e o próprio fundador da parapsicologia, J. B. Rhine (1895-1980), havia escrito um artigo a respeito, depois de informado dos fatos pelo pastor. O artigo, formalmente anônimo, mas comumente atribuído a Rhine, saiu na edição de agosto de 1949 do *Parapsychology Bulletin*.

Em 1993, o jornalista Thomas Allen (1929-2018) publicou o livro *Possessed*[14], baseado na versão editada do diário de um dos padres envolvidos no exorcismo, com os nomes do garoto possuído e da família trocados. Nesse trabalho, fica claro que os eventos descritos no romance e no filme foram largamente exagerados (o que não deve surpreender ninguém, já que são obras de ficção). Uma segunda edição do livro, lançada em 2000, incluía o diário do sacerdote, mas com nomes e certos detalhes omitidos.

Em 1998, outro jornalista, Mark Opsasnik, conduziu uma longa investigação sobre o caso, identificando e entrevistando amigos de infância de "Roland" e testemunhas dos eventos. Opsasnik conclui que o menino tinha problemas psicológicos e provavelmente forjara as manifestações "sobrenaturais" (objetos voando, móveis virados) que acompanharam sua suposta possessão.[15]

O parapsicólogo Sergio A. Rueda, que teve acesso à correspondência completa de Rhine sobre o caso e defendeu uma tese de doutorado a respeito, também põe o garoto como fonte original dos eventos. O menino

---

12 Blatty, 2015.

13 Com o tempo, a verdadeira identidade do garoto que inspirou *O exorcista* foi revelada: Ronald E. Hunkeler, nascido em 1º de junho de 1935.

14 Allen, 2000.

15 "Feeling Devilish? Try *The Exorcist*., [s.d.].

adaptava seu comportamento de acordo com a percepção e as expectativas dos adultos ao redor: "É inteiramente possível que se [Roland] nunca tivesse sido exorcizado [...] o caso não teria se tornado uma possessão demoníaca", escreve ele na versão em livro da tese, *Diabolical possession and the case behind The Exorcist*.[16] Rueda também aponta que os sacerdotes envolvidos no exorcismo real foram muito pouco céticos ao entrar no caso – certamente, muito menos do que o fictício padre Damien Karras, protagonista do romance e do filme, que submete a jovem Regan a todo tipo de exame antes de concordar em proceder com o ritual.

Falando em ceticismo, Rueda atribui parte dos eventos a *Poltergeister*, definidos como o uso inconsciente de poderes paranormais pelo jovem, e fecha seu livro com uma típica diatribe contra o "dogmatismo" da ciência. O argumento a favor da realidade dos *Poltergeister*, no entanto, depende da aceitação, pelo valor de face, dos relatos de testemunhas que podiam estar enganadas ou cometer exageros (deliberados ou inconscientes) e estavam envolvidas no que o historiador Darren Oldridge chama de "teatro social" do exorcismo, onde "todos os participantes [...] reconhecem e atuam em papéis socialmente sancionados".[17] Como escreveu o mágico Milbourne Christopher (1914-1984), que também empreendeu várias investigações do paranormal, para reduzir um *Poltergeist* a um fenômeno natural basta "supor que o menino mentia, que ele estava numa sala quando disse que estava em outra, que o que as pessoas pensam que viram não corresponde exatamente ao que viram".[18] Christopher escreveu isso a respeito de outro caso, mas as palavras se encaixam perfeitamente nessa situação.

Num caso descrito pelo mágico, uma menina de 11 anos que depois confessou a autoria dos fenômenos "inexplicáveis" – principalmente, objetos voando pelo ar – disse: "Eu não joguei todas aquelas coisas. As pessoas apenas imaginaram algumas delas".[19]

---

16 Rueda, 2018, p.158.

17 Oldridge, 2012, p.63.

18 Christopher, 1970, p.157.

19 *Ibidem*, p.149.

HISTERIA DE CONVENTO

Entre o fim do século XV e até o século XVIII, epidemias de possessão demoníaca passaram a ocorrer periodicamente em conventos e orfanatos controlados pela Igreja Católica na Europa Ocidental.[20] Foi criada até uma expressão para designar esse tipo de ocorrência: "histeria de convento". Os casos que ficaram mais famosos foram os de Loudun, onde as "possessões" de freiras se estenderam de 1632 a 1638, e o de Louviers, com episódios entre 1642 e 1647. Esses casos ocorreram durante o pico da loucura de caça às bruxas na Europa e eram marcados por uma rápida disseminação dos sintomas entre as irmãs.

Entre esses sintomas havia manifestações físicas como convulsões, contorções (há a descrição de casos de freiras que dobravam o corpo para trás até encostar a cabeça nos calcanhares), fala obscena, erotomania – incluindo comportamento lascivo, nudez e masturbação em público, às vezes com o uso de crucifixos – e surtos de atividade física, com freiras escalando paredes e árvores ou correndo pelo teto.

Sobre Loudun, temos a autobiografia da madre superiora, irmã Jeanne, que conta a obsessão sexual que tomou conta das freiras, envolvendo um padre chamado Urban Grandier (1590-1634): "Era triste ver essas mulheres infelizes, como cadelas no cio, correr noite e dia pelas alamedas do jardim, clamando por esse homem cuja imagem as fascinava". Ou: "Na época, o padre de que falei empregou demônios para excitar em mim uma paixão por ele."[21] Grandier foi preso, torturado e, por fim, queimado vivo.

Em Louvier, a irmã Madeleine Bavent (n. 1607), acusou dois ex-diretores espirituais das freiras, já então falecidos, os padres Pierre David (m.1628) e Mathurin Picard (m. 1642), e o então diretor, Thomas Boullé, de converter o convento numa espécie de harém satânico. Descrevendo os sabás de que tomava parte, disse ter dançado com um demônio meio homem, meio bode, ter praticado sexo anal com padre Picard, e ter visto padre Boullé manter relações sexuais com várias freiras. A confissão de Madeleine diz ainda que padre Picard mantinha as freiras nuas praticamente durante todo o tempo, até mesmo durante a missa, e que "ele se deliciava em nos fazer tocar umas nas outras, com carícias lascivas e

---

20 Evans; Bartholomew, 2009, p.104.

21 *Ibidem*, p.319.

abraços".[22] Ela disse ainda ter participado de infanticídios, em que crianças recém-nascidas eram assadas e comidas. No fim, padre Boullé, amarrado ao cadáver exumado de Picard, foi queimado vivo.

Atualmente, a maioria dos especialistas concorda que as freiras que tomaram parte nesses surtos estavam sofrendo de uma reação psicológica extrema ao estresse da vida em comunidades fechadas, formadas apenas por pessoas do mesmo sexo e sob rígidas condições de disciplina, que incluíam penitências, muitas vezes com castigos físicos, e jejum.[23] Elas eram, em geral, mulheres jovens: em Loudun, a prioresa tinha apenas 26 anos, e poucas das irmãs tinham mais de 30 anos. Parte dos sintomas físicos poderia ser explicada pelo fenômeno conhecido como "histeria de conversão", em que uma desordem neurológica acaba produzindo, inconscientemente, efeitos físicos que aprecem não ter causa orgânica – o exemplo clássico é o do cônjuge que, com medo de ser abandonado, desenvolve paralisia nas pernas, criando uma situação em que o marido – ou a esposa – se vê moralmente impedido de ir embora.

Mas essa interpretação não é unânime, e há quem duvide de que seja necessário invocar algum tipo de doença mental para dar conta do fenômeno. O psicólogo Robert Baker (1921-2005), em seu livro *Hidden memories*[24] (Memórias ocultas), pondera que, na época das epidemias de possessão "tornar-se freira não era algo altamente desejável, e as famílias punham as filhas adolescentes em conventos para evitar pagar um dote [...] a vida era tediosa, difícil, cheia de tarefas desagradáveis, preces frequentes, regras rígidas, solidão, nada de homens".[25] Prossegue Baker:

> A freira involuntária não tinha meios de protestar contra sua situação. Se adotasse o papel demoníaco – e o roteiro desse papel era bem conhecido – essa era uma forma relativamente segura de protesto. A freira poderia descontar suas frustrações com a família, seus superiores e a Igreja, representar suas fantasias sexuais com os exorcistas e pôr a culpa no malvado demônio![26]

---

22 *Ibidem*, p.330.
23 *Ibidem*, p.104.
24 Baker, 1996.
25 *Ibidem*, p.198.
26 *Ibidem*.

POSFÁCIO

MAS VOCÊ TEM CERTEZA?

Nas páginas finais de seu livro *Debunked!* (algo como "Desbancado" ou "Desmascarado"), os físicos europeus Geoges Charpak (1924-2010) – ganhador do Nobel de 1992 – e Henri Broch apresentam um gráfico com a variação de intensidade dos fenômenos supostamente produzidos pelo "poder da mente" nos últimos mil anos.[1]

Ele começa portentoso, com a levitação das cabeças de pedra da Ilha da Páscoa, no início do milênio passado, e termina de modo muito mais modesto: com as colheres tortas e os tênues e pouco convincentes sinais de telepatia que os parapsicólogos modernos acreditam detectar. Se um gráfico do mesmo tipo fosse feito sobre o poder dos milagres, o resultado não seria nada diferente. No passado distante encontraríamos fenômenos majestosos e perfeitamente claros: a abertura do Mar Vermelho; a paralisação da Terra em sua órbita.

Hoje, teríamos de nos contentar com estigmas produzidos em circunstâncias suspeitas e supostas curas com diversos graus de credibilidade, rotuladas com o adjetivo dúbio e dolorosamente provisório de "inexplicáveis". Os dois recuos, do paranormal e do milagroso, são

1 Charpak; Broch, 2004, p.119.

causados, é claro, pelo mesmo motivo: conforme a ignorância e a miséria diminuem, o sobrenatural também perde espaço.

A conclusão, em que pesem o anátema imposto pela Igreja Católica e o paradoxo implícito de ter um profeta condenando todos os profetas, parece ser a de que, das duas epígrafes deste volume, a de Jeremias é a que dá melhor conta dos fatos. Sempre que comento isso com meus amigos de pendor religioso, a resposta que recebo é, fundamentalmente, esta: "Mas você não pode *garantir* isso". Afirmação com a qual, de fato, sou obrigado a concordar. Salvo alguns pontos muito específicos – como a datação do Sudário de Turim, a confissão de Magdalena de la Cruz, a retratação do autor do estudo sobre fertilidade e oração – não há prova concreta de que os milagres discutidos neste livro não tenham, no fim, sido mesmo milagrosos.

Do mesmo modo, porém, não há prova concreta de que não sejamos todos cérebros mantidos em tanques por um cientista louco, tendo alucinações que confundimos com nossas vidas; ou que não sejamos personagens do videogame de uma raça alienígena avançadíssima – considerando que deve existir um só mundo real, mas que nos computadores desse mundo podem ocorrer infinitas simulações de mundos virtuais, onde você acha mais provável que estejamos? No um ou no infinito?

Quando duas ou mais teorias são capazes de dar conta do mesmo escopo de fatos, a opção entre elas é feita ou por conta das previsões que oferecem, ou pela simplicidade intrínseca. O mundo com milagres e o mundo sem milagres são virtualmente indistinguíveis em termos de previsões – quando divergem, é sempre a versão "sem milagres" que se mostra correta –, e o sem milagres é muito mais simples.

A fábula, sempre útil, é do prêmio Nobel inglês Bertrand Russell (1872-1970): é impossível provar que não existe um bule de chá em órbita do Sol – para fazer isso, seria preciso investigar cada partícula em todo o volume do sistema solar e determinar que nenhuma delas é um bule de chá. No entanto, qual o motivo para supor que o bule esteja lá?

Ah, sim, talvez um dia seja descoberta no Egito uma coluna de hieróglifos lamentando a perda de um exército inteiro no fechamento das águas do Mar Vermelho. Talvez um dia um novo exame no Sudário de Turim revele uma radiação hoje desconhecida, resíduo de emanações geradas durante a ressurreição.

Talvez um dia a oração de um homem santo faça o Monte Everest sair do lugar – a prova definitiva de que a fé, de fato, move montanhas. Talvez um dia as companhias de seguro passem a oferecer descontos substanciais para pessoas religiosas, ao constatar que elas vivem mais, são mais saudáveis e sofrem menos acidentes que os ímpios e os infiéis.

Quando isso acontecer, mudarei de ideia. Até lá, e dentro dos limites impostos pela falibilidade humana, tenho de dizer que, sim, tenho certeza.

REFERÊNCIAS

A MARIAN APPARITION HAS BEEN APPROVED IN ARGENTINA – and it's a big deal. Catholic News Agency, Buenos Aires, 4 jun. 2016. Disponível em: <https://www.catholicnewsagency.com/news/33982/a-marian-apparition-has-been-approved-in-argentina-and-its-a-big-deal>. Acesso em: 17 abr. 2021.

ALLEN, T. *Possessed*. Bloomington: iUniverse.com, 2000.

AMORTH, G. (Pr.), An exorcist explains the demonic: the antics of Satan and his army of fallen angels. Manchester: Sophia Institute Press, 2016.

ARISTÓTELES. *Meteorology*. The Internet Classics Archive. [s.d.]. Disponível em: <http://classics.mit.edu/Aristotle/meteorology.mb.txt>. Acesso em: 17 abr. 2021.

ASIMOV, I. *Asimov's guide to the Bible*. Nova York: Random House, 1981.

ASSIS, M. de. *Obras Completas Volume 1 – Romances*. Kindle, 2015.

A SUMMARY OF STURP'S CONCLUSIONS. Shroud of Turin Website, [s.d.]. Disponível em: <http://www.shroud.com/78conclu.htm>. Acesso em: 18 abr. 2021

AUSTRALIAN MUSEUM. Stages of decomposition. *Science of Life*, 25 jun. 2020. Disponível em: <http://australianmuseum.net.au/Stages-of-Decomposition>. Acesso em: 17 abr. 2021.

AVALOS, H. *The end of biblical studies*. Amherst: Prometheus Books, 2007.

BAKER, R. A. *Hidden memories*. Amherst: Prometheus Books, 1996.

BAKER, R. A. If looks could kill and words could heal. Skeptical Briefs, v.4.3, set. 1994. Disponível em: <http://www.csicop.org/sb/show/if_looks_could_kill_and_words_could_heal/>. Acesso em: 18 abr. 2021

BAKER, R. A. Studying the psychology of the UFO experience. *Skeptical Inquirer Magazine*, Amherst, v.18, n.3, p.239, 1994.

BALMER, R. M. *Mine eyes have seen the glory:* a journey into the evangelical subculture in America. Nova York: Oxford University Press, 2014.

BENSON H. et. al. Study of the therapeutic effects of intercessory prayer (STEP) in cardiac bypass patients: a multicenter randomized trial of uncertainty and certainty of receiving intercessory prayer. *American Heart Journal,* v.151, n.4, abr. 2006. Disponível em: <https://pubmed.ncbi.nlm.nih.gov/16569567/>. Acesso em: 19 abr. 2021.

BEYERSTEIN, B. Neuropathology and the legacy of spiritual possession. *Skeptical Inquirer*, v.12, n.3, p.248-262, 1988.

BÍBLIA AVE MARIA. Disponível em: <https://www.bibliacatolica.com.br/biblia-ave-maria/genesis/1/>. Acesso em: 19 abr. 2021.

BÍBLIA SAGRADA. Brasília: CNBB, 2018.

BLATTY, W. P. *If there were demons, then perhaps there were angels*. Nova York: Tor Book, 2015.

BOWKER, J. (Ed.). *Oxford concise dictionary of world religions*. Nova York: Oxford University Press, 2005.

BRANDON, R. *The spiritualists*. Buffalo: Prometheus Books, 1984.

CALLAHAN T. *Secret origins of the Bible*. Altadena: Millennium Press, 2002.

CAREY, B. Long-awaited medical study questions the power of prayer. *The New York Times,* 31 mar. 2006. Disponível em: <https://www.nytimes.com/2006/03/31/health/longawaited-medical-study-questions-the-power-of-prayer.html?searchResultPosition=1>. Acesso em: 19 abr. 2021.

CATECISMO DA IGREJA CATÓLICA. Petrópolis: Vozes, 1993.

CATHOLIC ENCYCLOPEDIA. New Advent. Disponível em: <https://www.newadvent.org/cathen/ >. Acesso em: 19 abr. 2021.

CHA, K.Y.; WIRTH, D. P. Does prayer influence the success of in vitro fertilization-embryo transfer? Report of a masked, randomized trial. *The Journal of Reproductive Medicine*, v.46, n.9, p.781-7, set. 2001. Disponível em: <https://pubmed.ncbi.nlm.nih.gov/11584476/>. Acesso em: 18 abr. 2021

CHALLIS, G. B.; STAM, H. J. The spontaneous regression of cancer. A review of cases from 1900 to 1987. *Acta Oncologica*, v.29, n.5, 1990. Disponível em: <https://pubmed.ncbi.nlm.nih.gov/2206563/>. Acesso em: 19 abr. 2021.

CHARPAK, G.; Broch, H. *Debunked!* Baltimore: The Johns Hopkins University Press, 2004.

CHRISTOPHER, M. *ESP, seers and psychics*. Nova York: Thomas Y. Crowell, 1970.

CLAYTON, P.; SIMPSON, Z. (Eds.). *The Oxford handbook of religion and science*. Oxford University Press, Nova York, 2008.

CLIFFORD, W. K. *The ethics of belief and other essays*. Amherst: Prometheus Books, 1999.

CONGREGAÇÃO PARA A DOUTRINA DA FÉ. A mensagem de Fátima. *La Santa Sede*, 26 jun. 2000. Disponível em: <http://www.vatican.va/roman_curia/

congregations/cfaith/documents/rc_con_cfaith_doc_20000626_message-fatima_po.html>. Acesso em: 17 abr. 2021.

COOGAN, M. et al. (Eds.). *The new Oxford annotated Bible*. 3.ed. Nova York: Oxford University Press, 2001.

CROSS, F. L.; LIVINGSTONE, A. L. (Ed.). *The Oxford dictionary of the Christian church*. Oxford: Oxford University Press, 2005.

DAMON, P. E. et al. Radiocarbon dating of the Shroud of Turin. *Nature*, n.337, p.611-5, 16 fev. 1989.

DANTAS, Tiago. SP: ex-fiel move ação contra Igreja Universal do reino de Deus por Estelionato. *O Globo*, 10 nov. 2011. Disponível em: <http://oglobo.globo.com/cidades/sp/mat/2009/05/10/sp-ex-fiel-move-acao-contra-igreja-universal-do-reino-de-deus-por-estelionato-755795328.asp>. Acesso em: 18 abr. 2021

DREWS, C.; HAN, W. Dynamics of wind set down at Suez and the Eastern Nile delta. *PLoS ONE*, v.5, n.8, 30 ago. 2010. Disponível em: <https://doi.org/10.1371/journal.pone.0012481>. Acesso em: 29 mar. 2021.

ELLISON, C. G.; LEVIN, J. S. The religion-health connection: evidence, theory, and future directions. *Health Education and Behavior*, v.25, n.6, p.700-20, dez. 1998. Disponível em: <https://pubmed.ncbi.nlm.nih.gov/9813743/>. Acesso em: 18 abr. 2021.

EVANS, H.; BARTHOLOMEW, R. *Outbreak! The encyclopedia of extraordinary social behavior,* San Antonio, TX: Anomalist Books, 2009.

FARMER, D. H. (Ed.). *Oxford dictionary of saints*. Oxford: Oxford University Press, 2011.

FEELING DEVILISH? TRY *THE EXORCIST*. *Strange Magazine*, n.20, [s.d.]. Disponível em: <http://www.strangemag.com/exorcistpage1.html>. Acesso em: 20 abr. 2021

FESTINGER, L.; RIECKEN, H. W.; SCHACHTER, S. *When prophecy fails*. Londres: Pinter & Martin, 2008.

FILÓSTRATO. *The life of Apollonius of Tyana*. Londres: T. Payne, Pall Mall, 1809. Disponível em: Disponível em: <https://books.google.com.br/books?id=R5Y-AAAAcAAJ>. Acesso em: 20 abr. 2021

FLAMM, Bruce. The bizarre Columbia University "miracle" saga continues. *Skeptical Inquirer*, v.29, n.2, mar.-abr. 2005. Disponível em: <https://skepticalinquirer.org/2005/03/the-bizarre-columbia-university-miracle-saga-continues/>. Acesso em: 18 abr. 2021

FLAMM, B. The Columbia University "miracle" study: flawed and fraud. *Skeptical Inquirer*, v.28, n.5, set.-out.2004. Disponível em: <https://skepticalinquirer.org/2004/09/the-columbia-university-miracle-study-flawed-and-fraud/>. Acesso em: 18 abr. 2021

FRANCE, A. Miracle. In: HITCHENS, C. *The portable atheist: essential readings for the nonbeliever*. Filadélfia: Da Capo Press, 2007.

FREZE, M. *They bore the wounds of Christ: the mystery of the sacred Stigmata*. Huntington: Our Sunday Visitor, 1989.

GALTON, F. Statistical inquiries into the efficacy of prayer. *Fortnightly Review*, v.12, p.125035, 1872. Disponível em: <http://galton.org/essays/1870-1879/galton--1872-fortnightly-review-efficacy-prayer.html>. Acesso em: 18 abr. 2021

GARDNER, M. *Science: good, bad and bogus*. Amherst: Prometheus Books, 1989.

GARLASCHELLI, L. The blood of St. Januarius. *Chemistry in Britain*, v.30, n.2, p.123, 1994. Disponível em: <http://www.cicap.org/new/articolo.php?id=101014>. Acesso em: 17 abr. 2021.

GARLASCHELLI, L. Chemistry of supernatural compounds. *J. Soc. Psych. Res.*,v.62, n.852, p.417, 1998.

GARLASCHELLI, L.; RAMACCINI, F.; SALA, S. D. Working bloody miracles. *Nature*, v.353, p.507, 10 out. 1991. Também publicado como A Thixotropic mixture like the blood of Saint Januarius (San Gennaro). Disponível em: <http://www.cicap.org/new/articolo.php?id=100063>. Acesso em: 17 abr. 2021.

GARRETT, J. M. de P. de A. Testemunho de José Maria de Proença de Almeida Garrett. O Dogma da Fé, out. 2017. Disponível em: < https://odogmadafe.wordpress.com/2017/10/13/testemunho-de-jose-maria-de-proenca-de-almeida-garrett/ >. Acesso em: 17 abr. 2021.

GIBBON, E., *History of the decline and fall of the Roman Empire*. Nova York: Modern Library, 1995.

GOD ON THE BRAIN. BBC Two, 17 abr. 2011. Disponível em: <http://www.bbc.co.uk/science/horizon/2003/godonbraintrans.shtml>. Acesso em: 19 abr. 2021.

GRANQVIST, P et. al. Sensed presence and mystical experiences are predicted by suggestibility, not by the application of transcranial weak complex magnetic fields. *Neuroscience Letters*, v.379, n.1., p.1-6, maio 2005. Disponível em: <https://pubmed.ncbi.nlm.nih.gov/15849873/>. Acesso em: 19 abr. 2021.

GRAY, M. Lourdes. *World Pilgrimage Guide*, [s.d.]. Disponível em: <http://sacredsites.com/europe/france/lourdes.html>. Acesso em: 17 abr. 2021.

GREENBERG, G. Who wrote the gospels? In: KICK, Russ (Ed.). *Everything you know about God is wrong*. Nova York: The Disinformation Company, 2007.

HECHT, J. M. *Doubt: a history*. Nova York: Harper One, 2003.

HELMS, R. *Gospel fictions*. Nova York: Prometheus Books, 1988.

HELMS, R. *The Bible Against Itself*. Altadena, CA: Millennium Press, 2006.

HERZOG, Z. *Deconstructing the walls of Jericho*. 29 out. 1999. Disponível em: <http://www.umich.edu/~proflame/neh/arch.htm>. Acesso em: 15 abr. 2021.

HINES, T. *Pseudoscience and the paranormal*. 2.ed. Amherst: Prometheus Books, 2003.

HITCHENS, C. *God is not great*. Nova York: Twelve Books, 2007.

HITCHENS, C. *The portable atheist: essential readings for the nonbeliever*. Filadélfia: Da Capo Press, 2007.

HORNBLOWER, S.; SPAWFORT, A (Ed.). *Oxford classical dictionary*. Nova York: Oxford University Press, 2003.

IGREJA UNIVERSAL É CONDENADA POR HUMILHAR EPILÉTICO. *Revista Consultor Jurídico*, 19 ago. 2009, online. Disponível em: <http://www.conjur.com.

br/2009-ago-19/igreja-universal-indenizar-epileptico-agredido-durante--exorcismo>. Acesso em: 19 abr. 2021.

INTERNATIONAL MARIAN RESEARCH INSTITUTE. *All about Mary*. Universidade de Dayton. Disponível em: <https://udayton.edu/imri/mary/index.php >. Acesso em: 20 abr. 2021

JUAN PABLO II (papa). Audiencia general, 13 ago. 1986. La Santa Sede. Disponível em: <https://www.vatican.va/content/john-paul-ii/es/audiences/1986/documents/hf_jp-ii_aud_19860813.html>. Acesso em: 20 abr. 2021

KLOOSTER, A. "Due honor to their relics": Thomas Aquinas as teacher and object of veneration. *European Journal for the Study of Thomas Aquinas*, n.37, 2019. DOI: <10.2478/ejsta-2019-0001>.

KOENIG, H. G. Religion, spirituality and medicine. *Journal of the American Medical Association*, v.284, n.13, p.1708, 4 out. 2000. Disponível em: <https://pubmed.ncbi.nlm.nih.gov/11015808/>. Acesso em: 18 abr. 2021

KONDOR, L. (Comp.). *Memórias da Irmã Lúcia I*. 13.ed. Fátima: Secretariado dos Pastorinhos, 2007. Disponível em: <https://www.fatima.pt/files/upload/fontes/F002_Memorias1.pdf>. Acesso em: 17 abr. 2021.

KONO, T. et al. Birth of parthenogenetic mice that can develop to adulthood. *Nature*, n.428, 2004, p.860-4.

KRAMER, H.; SPRENGER, J. *Malleus Maleficarum*. St. Petersburg, FL: Red and Black Publishers, 2007.

LANDSBOROUGH, D. St Paul and Temporal Lobe Epilepsy. *Journal of Neurology, Neurosurgery, and Psychiatry*, v.50, n.6, p.659-64, jun. 1987. Disponível em <http://www.ncbi.nlm.nih.gov/pmc/articles/PMC1032067/>. Acesso em: 15 abr. 2021.

LARGEST STUDY OF THIRD-PARTY PRAYER SUGGESTS such prayer not effective in reducing complications following heart surgery. Disponível em: <http://www.hillmanweb.com/reason/inspiration/prayer.html>. Acesso em: 19 abri. 2021.

LAYCOCK, J (Ed.). *Spirit possession around the world*. Santa Barbra: ABC-CLIO, 2015.

LEVI, P. *Is this a man?* Londres: Abacus, 2013.

LIRA, A. L. *O diário do silêncio*. Campinas: Ecclesiae Editorial, 2018.

LOYN, H (Ed.). *Dicionário da Idade Média*. Rio de Janeiro: Jorge Zahar Editor, 1990.

LUCIANO. Alexander or the Quack Prophet. In: ______. *Selected satires of Lucian*. Nova York: Routledge, 2017.

LÜDEMANN, G. *The resurrection of Christ: a historical inquiry*. Amherst: Prometheus Books, 2004.

LUZZATTO, S. *Padre Pio: miracles and politics in a secular age*. New York: Metropolitan Books, 2010.

LYLE, D. P. *Forensics*. Cincinnati: Writers Digest, 2008.

McCRONE, W. Amount of modern biological contaminant required to raise the date of a 36 A.D. shroud. [s.d.]. Disponível em: <http://www.mccroneinstitute.org/v/351/amount-of-modern-biological-contaminant-required-to-raise-the--date-of-a-36-a.d.-shroud>. Acesso em: 18 abr. 2021.

McCRONE, W. The shroud of Turin: blood or artist's pigment? *Acc. Chem. Res.*, v.23, n.3, p.77-83, 1990. Disponível em: <http://www.mccroneinstitute.org/uploads/the_microscope__shroud_small-1422560933.pdf>. Acesso em: 18 abr. 2021.

McCRONE, W. *Judgment day for the Shroud of Turin*. Amherst: Prometheus Books, 1999.

MIRACULOUS HEALINGS. Lourdes Sanctuaire, [s.d.]. Disponível em: <https://www.lourdes-france.org/en/miraculous-healings/>. Acesso em: 17 abr. 2021.

MONROE, J. W. *Laboratories of Faith*. Ithaca, NY: Cornell University Press, 2008.

NAGOURNEY, E. Vital signs: fertility; a study links prayer and pregnancy. *The New York Times*, Nova York, 2 out. 2001. Disponível em: <https://www.nytimes.com/2001/10/02/health/vital-signs-fertility-a-study-links-prayer-and-pregnancy.html?searchResultPosition=1>. Acesso em: 18 abr. 2021

NEWBERG, A. B. et al. The measurement of regional cerebral blood flow during glossolalia: a preliminary SPECT study. *Psychiatry Research*, v.148, n.1, p.67-71, 22 nov. 2006. DOI: <10.1016/j.pscychresns.2006.07.001>.

NICKELL, J. *Secrets of the supernatural*. Amherst: Prometheus Books, 1988.

NICKELL, J. *Looking for a Miracle*. Amherst: Prometheus Books, 1998a.

NICKELL, J. *Inquest on the Shroud of Turin: latest scientific findings*. Amherst: Prometheus Books, 1998b.

NICKELL, J. (Ed.). *Psychic sleuths*. Amherst: Prometheus Books, 1994

NICKELL, J. *Relics of the Christ*. Lexington: University Press of Kentucky, 2007.

NICKELL, J. Padre Pio: wonderworker or charlatan? *Skeptical Inquirer*, v.32, n. 5, p.19-21, set.-out. 2008.

NICKELL, J. The real secret of Fatima. *Skeptical Inquirer*, v.33, n.6, p.14-17, nov.-dez. 2009.

NOLEN, W. A. *Healing: a doctor in search of a miracle*. Nova York: Random House, 1974.

O ALCORÃO. Trad. Mansour Challita. Rio de Janeiro: Best Bolso, 2016.

OLDRIDGE, D. *The Devil – A very short introduction*. Nova York: Oxford University Press, 2012.

POLIDORO, M. The Shroud of Turin duplicated. *Skeptical Inquirer*, v.34, n.1, jan.-fev. 2010.

RECOGNITION OF A MIRACLE. Lourdes Sanctuaire, [s.d.]. Disponível em: <https://www.lourdes-france.org/en/miraculous-healings/>. Acesso em: 17 abr. 2021.

ROBERTS, C. Exorcism and demonic possession are now tools in the culture wars. *Observer*, 1 mar. 2019. Disponível em: <https://observer.com/2019/01/pope-francis-exorcism-demonic-possession-culture-wars/>. Acesso em: 20 abr. 2021

RUEDA, S. A. *Diabolical possession and the case behind* The Exorcist. Jefferson, NC: McFarland & Company, 2018.

SABBAGH, K. The psychopathology of fringe medicine. In: FRAZIER, K. (Ed.). *The hundredth monkey: and other paradigms of the paranormal*. Amherst: Prometheus Books, 1991.

SACKS, O. *Migraine*. Londres: Picador, 2011.

SAMARIN, W. J. Glossolalia as regressive speech. *Lang Speech*, v.16, n.1, p.77-89, jan.-mar. 1973. DOI: 10.1177/002383097301600108. Disponível em: <https://journals.sagepub.com/doi/10.1177/002383097301600108>. Acesso em: 19 abr. 2021.

SAMARIN, W. J. Glossolalia. In: BROWN, K. (Ed.). *Encyclopedia of Language & Linguistics* 2.ed. Elsevier Science, 2006. p.95-7. Disponível em: <https://www.sciencedirect.com/science/article/pii/B008044854200732X>. Acesso em: 19 abr. 2021.

SÃO FREI GALVÃO. Notícias, [s.d.]. Disponível em: <http://www.saofreigalvao.com/w3c_noticiasold.asp>. Acesso em: 19 abr. 2021.

SILBERMAN, N. A.; FINKELSTEIN, I. *The Bible unearthed: archaeology's new vision of ancient Israel and the origin of its sacred texts*. Nova Yo84

rk: The Free Press, 2001.

SILVA, R. M. F. da (Dom). *Eu Sou a Graça*. Campinas: Ecclesiae Editora, 2016.

SLOAN, R. P.; BAGIELLA, E. Claims about religious involvement and health outcomes. *Annals of Behavioral Medicine*, v.24, n.1, p.14-21, inverno 2002. Disponível em: <https://pubmed.ncbi.nlm.nih.gov/12008790/>. Acesso em: 18 abr. 2021

SPIGNESI, S.; BIRNES, W. J. *The big book of UFO facts, figures and truth*. Nova York: Skyhorse Publishing, 2019.

STIEBING JR., W. H. *Out of the desert? Archaeology and the exodus/conquest narrative*. Buffalo, NY: Prometheus Books, 1989.

STORY, R. D. *The Mammoth encyclopedia of extraterrestrial encounters*. Londres: Robinson, 2012.

SUGDEN, J. Padre Pio's body goes on public display 40 years after his death. *The Sunday Times*, 24 abr. 2008.

THE PROTOEVANGELIUM OF JAMES. New Advent, [s.d.]. Disponível em: <http://www.newadvent.org/fathers/0847.htm>. Acesso em: 15 abr. 2021.

THE TEMPLETON FOUNDATION. John Templeton Foundation. Disponível em: <http://www.templeton.org/who-we-are/about-the-foundation/mission>. Acesso em: 19 abr. 2021.

THE TEMPLETON PRIZE. Disponível em: <https://www.templetonprize.org>. Acesso em: 19 abr. 2021.

THOMAS DE AQUINO. *Summa Theologiae*. New Advent, [s.d.]. Disponível em: <https://www.newadvent.org/summa/>. Acesso em: 17 abr. 2021.

THURSTON, H. *The physical phenomena of mysticism*. [s.l.]: White Crow Books, 2013.

VATICAN. Catholic church statistics 2020. Agenzia Fides, 16 out. 2002. Disponível em: <>. Acesso em: 17 abr. 2021.

VOLTAIRE. God. *Voltaire's philosophical dictionary*. Nova York, Carlton House, 2006. p.151. Disponível em: <https://www.gutenberg.org/files/18569/18569-h/18569-h.htm#God>. Acesso em: 18 abr. 2021.

WALSH, M. (Ed.). *Oxford dictionary of popes*. Oxford: Oxford University Press, 2015.

WARRAQ, I. *Why I am not a Muslim*. Amherst: Prometheus Books, 1995.

WILLEY, D. Vatican issues new exorcism rules. *BBC News*, 27 jan. 1999. Disponível em: <http://news.bbc.co.uk/2/hi/263604.stm>. Acesso em: 20 abr. 2021.

ZIMDARS-SWARTZ, S. L. *Encountering Mary*. Princeton, NJ: Princeton University Press, 1991.

ÍNDICE ONOMÁSTICO

SOBRE O LIVRO

FORMATO
14 x 21 cm

MANCHA
24,9 x 42,2 paicas

TIPOLOGIA
Arnhem 10,5/14

PAPEL
Off-white 80 g/m² (miolo)
Cartão Supremo 250 g/m² (capa)

1ª EDIÇÃO EDITORA UNESP: 2021

EQUIPE DE REALIZAÇÃO

COORDENAÇÃO EDITORIAL
Marcos Keith Takahashi

EDIÇÃO DE TEXTO
Tokiko Uemura

PROJETO GRÁFICO E CAPA
Quadratim

EDITORAÇÃO ELETRÔNICA
Arte Final

Impressão e Acabamento